国家级一流本科专业建设成果教材

化工基础实验

崔国峰　张建辉　余丁山　主编

阮文红　主审

化学工业出版社

·北京·

内 容 简 介

《化工基础实验》是针对化工及相关专业学生编写的一本实践教材，旨在帮助学生掌握化工实验的基本原理、方法和技巧，培养学生动手能力和创新思维，以及提高学生解决实际问题的能力。本书内容主要包括动量传递实验、热量传递实验和质量传递实验。通过这些实验，学生可以了解和掌握各种化工设备的操作方法，熟悉各种实验仪器的使用，培养实验设计和数据处理的能力。

本书适用于化工及相关专业本科生和研究生实验课程使用，也可作为相关领域工程技术人员的参考书。

图书在版编目（CIP）数据

化工基础实验 / 崔国峰，张建辉，余丁山主编. 北京：化学工业出版社，2024.11. -- （国家级一流本科专业建设成果教材）. -- ISBN 978-7-122-46614-3

Ⅰ. TQ016

中国国家版本馆 CIP 数据核字第 2024RC0074 号

责任编辑：吕 尤 王 婧
责任校对：王 静   装帧设计：韩 飞

出版发行：化学工业出版社
（北京市东城区青年湖南街 13 号 邮政编码 100011）
印　装：北京科印技术咨询服务有限公司数码印刷分部
787mm×1092mm　1/16　印张 6　字数 131 千字
2025 年 1 月北京第 1 版第 1 次印刷

购书咨询：010-64518888　　　　　售后服务：010-64518899
网　　址：http://www.cip.com.cn
凡购买本书，如有缺损质量问题，本社销售中心负责调换。

定　价：29.90 元　　　　　　　　　　　版权所有　违者必究

前言

化工基础实验属于工程实验范畴，与一般化学实验相比，不同之处在于它具有工程特点。每个实验项目都相当于化工生产中的一个操作单元，学生通过实验能建立起一定的工程概念。同时，随着实验课的进行，会遇到大量的工程实际问题，对理工科学生来说，可以在实验过程中更实际、更有效地学到更多工程实验方面的原理，建立工程思维方式；可以发现复杂的真实设备与工艺过程和描述这一过程的数学模型之间的关系；也可以认识到对于一个看起来似乎很复杂的过程，可以通过数学及工程学分析，用最基本的原理来解释和描述。因此，它要求学生运用已学过的知识验证一些结论、结果和现象等，或综合运用已学过的理论知识设计实验或进行综合性的实验，目的是训练学生理论知识的运用能力、实验操作能力、仪器仪表的使用能力、实验数据的处理和分析能力，使学生在思维方法和创新能力方面都得到培养和提高。

建议学生在做实验之前认真阅读本书及有关参考资料，了解实验目的和要求；进行实验室现场预习，了解实验装置，搞清实验流程，并撰写实验的预习报告；之后，再进行实际的实验操作。

本书的编写分工为：实验1、2由杨志涌老师编写，实验3由余丁山老师编写，实验4由王永庆老师编写，实验5由崔国峰老师编写，实验6由黄哲钢老师编写，实验7由章明秋老师编写，张建辉老师负责全书的统稿工作。本书由阮文红老师主审，感谢中山大学化学学院实验中心多位老师对本书编写提出的宝贵建议。本书在编写过程中查阅了国内外相关的文献资料，在此一并表示由衷的感谢。

由于时间仓促，书中难免有不足和疏漏，希望得到大家的指正。

崔国峰

2024年8月

目录

第1章 动量传递实验 ———————————————— 001
实验1 雷诺实验 ·· 001
实验2 伯努利方程实验 ·································· 006
实验3 液体流动阻力测定与泵性能测定实验 ············ 011

第2章 热量传递实验 ———————————————— 028
实验4 汽-气对流传热综合实验 ························· 028

第3章 质量传递实验 ———————————————— 039
实验5 精馏塔的操作与塔效率测定实验 ················ 039
实验6 填料吸收塔实验 ·································· 048
实验7 流化床干燥实验 ·································· 061

附录 ———————————————————————— 073
附录1 常用单位换算 ····································· 073
附录2 水的物理性质 ····································· 076
附录3 饱和水蒸气的物理性质（按温度排列） ·········· 077
附录4 饱和水蒸气的物理性质（按压力排列） ·········· 078
附录5 干空气的物理性质（$p=1.01325×10^5$ Pa） ··· 080
附录6 IS型单级单吸离心泵规格（摘录） ·············· 082
附录7 金属材料的某些性能 ······························ 084
附录8 某些液体的物理性质 ······························ 086
附录9 某些气体的物理性质 ······························ 088

参考文献 ——————————————————————— 089

第1章 动量传递实验

实验 1 雷诺实验

一、实验目的

(1) 了解流体的三种流动状态,层流、过渡流和湍流。
(2) 观察流体在圆管内流动过程的速度分布,并掌握测定不同流动型态(流型)对应的雷诺数的方法。

二、实验内容

通过控制水的流量,观察管内红线的流动型态来理解流体质点的流动状态,并分别记录不同流动型态下的流体流量值,计算出相应的雷诺数。

三、实验原理

流体在圆管内的流型状态可分为层流、过渡流、湍流三种,可根据雷诺数来予以判断。本实验通过测定不同流型状态下的雷诺数值来验证该理论的正确性。

雷诺数:

$$Re_i = \frac{u_i d_i \rho_i}{\mu_i} \tag{1-1}$$

式中 d_i——管径,m;

u_i——流体的流速，m·s^{-1}；
μ_i——流体的黏度，Pa·s；
ρ_i——流体的密度，kg·m^{-3}。

四、实验装置的基本情况

1. 实验装置流程

水由高位槽4流经测试管5，经水流量调节阀9和转子流量计10，然后排出。示踪物（墨水）由下口瓶1经红墨水调节阀2进入测试管5，与水一起流动并排出（图1-1）。

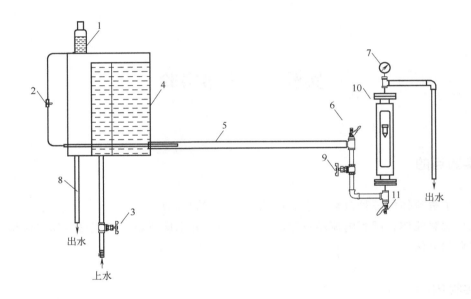

图 1-1 雷诺实验装置流程图

1—下口瓶；2—红墨水流量调节阀；3—进水阀；4—高位槽；
5—测试管；6—排气阀；7—温度计；8—溢流口；9—水流量调节阀；
10—转子流量计；11—排水阀

2. 实验装置主要技术参数

实验管道有效长度 $L=1000$mm；外径 $D_o=30$mm；内径 $D_i=25$mm。

3. 实验装置实物图（图1-2）

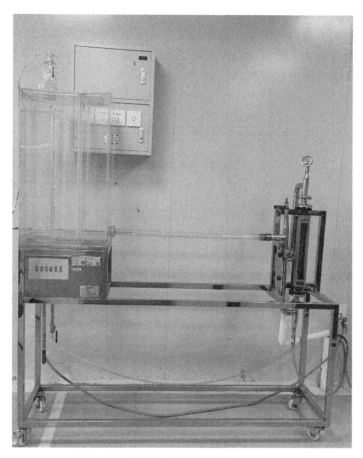

图 1-2 雷诺实验装置

五、实验操作步骤

1. 实验前准备工作

(1) 向棕色下口瓶中加入适量用水稀释过的红墨水,将红墨水充满小进样管。

(2) 观察细管位置是否处于管道中心线上,适当调整使细管位置处于观察管道的中心线上。

(3) 关闭水流量调节阀、排气阀,打开进水阀、排水阀,向高位槽注水,使水充满并产生溢流,保持一定溢流量。

(4) 轻轻开启水流量调节阀,让水缓慢流过实验管道,并让红墨水充满细管。

2. 雷诺实验演示

(1) 在做好以上准备工作的基础上,调节进水阀,维持尽可能小的溢流量。

(2) 缓慢有控制地打开红墨水流量调节阀,红墨水流束即呈现不同流动状态,红墨水流束所表现的就是当前水流量下实验管内水的流动状况（图1-3表示层流流动状态）。读取流量数值并计算出对应的雷诺数。

（3）因进水和溢流造成的振动，有时会使实验管道中的红墨水流束偏离管内中心线或发生不同程度的左右摆动，此时可立即关闭进水阀，稳定一段时间，即可看到实验管道中出现的与管中心线重合的红色直线。

图1-3　层流流动示意图

（4）加大进水阀开度，在维持尽可能小的溢流量情况下增大水的流量，根据实际情况适当调整红墨水流量，即可观测实验管内水在各种流量下的流动状况。为部分消除进水和溢流所造成振动的影响，在层流和过渡流状况的每一种流量下均可采用（3）中介绍的方法，立即关闭进水阀3，然后观察管内水的流动状况（过渡流、湍流流动如图1-4所示）。读取流量数值并计算对应的雷诺数。

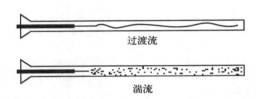

图1-4　过渡流、湍流流动示意图

3. 圆管内流体速度分布演示实验

（1）关闭进水阀、流量调节阀。

（2）将红墨水流量调节阀打开，使红墨水滴落在不流动的实验管路中。

（3）突然打开红墨水流量调节阀，在实验管路中可以清晰看到红水线流动所形成的，如图1-5所示的速度分布。

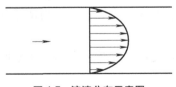

图1-5　流速分布示意图

4. 实验结束操作

（1）首先关闭红墨水流量调节阀，停止红墨水流动。

(2) 关闭进水阀，使自来水停止流入高位槽。
(3) 待实验管道中红色消失时，关闭水流量调节阀。
(4) 如果日后较长时间不再使用该套装置，请将设备内各处存水放净。

六、实验注意事项

演示层流流动时，为了使层流状况较快形成并保持稳定，请注意以下几点：第一，水槽溢流量尽可能小，因为溢流过大，上水流量也大，上水和溢流两者造成的振动都比较大，会影响实验结果。第二，尽量不要人为地使实验架产生振动，为减小振动，保证实验效果，可对实验架底面进行固定。第三，注意读取温度计数据。

七、实验数据及实验现象记录（表 1-1）

表 1-1 实验数据及现象记录表

序号	流量 /(L·h^{-1})	流量 $q\times10^5$ /(m^3·s^{-1})	流速 $u\times10^2$ /(m·s^{-1})	雷诺数 $Re\times10^{-2}$	观察现象	流型
1					管中一条红线	层流
2					管中一条红线	层流
3					管中一条红线	层流
4					管中红线波动	过渡流
5					管中红线波动	过渡流
6					红墨水扩散	湍流
7					红墨水扩散	湍流

八、思考与讨论

(1) 如果生产过程中无法通过直接观察来判断管内的流动型态，请问可以用什么方法来判断？
(2) 用雷诺数 Re 判断流动型态的意义何在？
(3) 影响流体流动型态的因素有哪些？

实验 2　伯努利方程实验

一、实验目的

（1）熟悉流体流动中各种能量和压头的概念及其相互转化关系，加深对伯努利方程的理解。

（2）观察各项能量（或压头）随流速的变化规律。

二、实验内容

伯努利方程实验是通过观察流体（如水）在管道中的流动情况来验证流体力学中的一个基本原理。实验中使用压力计（测压管）来测量不同位置的压力，并使用转子流量计来测量水流的速度。通过改变泵的功率来增加水流速度，验证伯努利方程的正确性，并理解流体流动中压力与流速之间的关系。

三、实验原理

不可压缩流体在管内作稳态流动时，由于管路条件（如位置高低、管径大小）的变化，会引起流动过程中三种机械能——位能、动能、静压能的相互转换。对于理想流体，在系统内任一截面处，虽然三种能量不一定相等，但能量之和是守恒的。

对于实际流体，由于存在内摩擦，流体在流动中总有一部分机械能随摩擦和碰撞转化为热能而损耗了。故对实际流体，任意两截面处机械能总和并不相等，两者的差值即为机械能的损失。

以上几种机械能均可用测压管中的液柱高度来表示，分别称为位压头、动压头、静压头。当测压管中的小孔（即测压孔）与水流方向垂直时，测压管内液柱高度即为静压头；当测压孔正对水流方向时，测压管内液柱高度则为静压头与动压头之和。测压孔处流体的位压头由测压孔的几何高度确定。任意两截面间的位压头、动压头、静压头总和的差值，则为损失压头。

四、实验装置的特点

（1）实验装置体积小、重量轻，使用方便，移动方便。

（2）实验测试导管、测压管均用玻璃制成，便于观测。

（3）设备由耐腐蚀材料制成，管中不会生锈。

五、实验装置的基本情况

1. 实验装置流程

不锈钢离心泵：WB50/025 型；

低位槽尺寸（mm）：880×370×550；材料：不锈钢；

高位槽尺寸（mm）：445×445×550；材料：有机玻璃。

如图 1-6 所示，水由高位槽 5 流经测压管 6，经流量调节阀 9 和转子流量计 7，然后流回低位槽 4。

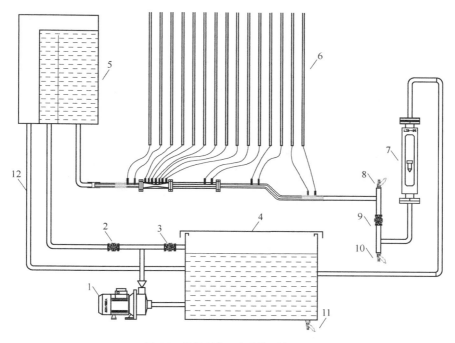

图 1-6　伯努利方程实验装置流程图

1—离心泵；2—上水阀；3—回水阀；4—低位槽；5—高位槽；6—测压管；7—转子流量计；
8—排气阀；9—流量调节阀；10,11—排水阀；12—溢流管

2. 实验测试导管结构（图 1-7）

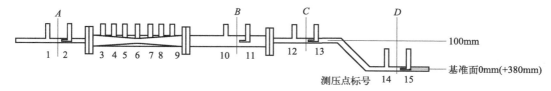

图 1-7　实验测试导管结构图

3. 伯努利方程实验装置（图1-8）

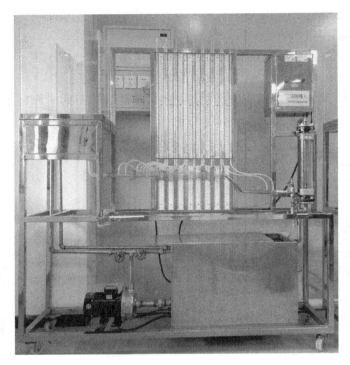

图1-8　伯努利方程实验装置

六、实验操作步骤

（1）将低位槽4灌有一定数量的蒸馏水，关闭离心泵出口上水阀2及实验测试导管出口流量调节阀9和排气阀8、排水阀10、11，打开回水阀3后启动离心泵。

（2）逐步开大离心泵出口上水阀2，当高位槽溢流管有液体溢流后，利用流量调节阀9调节出水的流量。

（3）流体稳定后读取并记录各点数据。

（4）关小流量调节阀9，重复步骤（3）。

（5）分析讨论流体流过不同位置处的能量转换关系并得出结果。

（6）关闭离心泵，实验结束。

七、实验注意事项

（1）不要将离心泵出口上水阀开得过大，以免使水流冲击到高位槽外面，同时导致高位槽液面不稳定。

（2）流量调节阀开大时，应检查一下高位槽内的水面是否稳定，当水面下降时应适当开大泵上水阀。

（3）流量调节阀须缓慢地关小以免造成流量突然下降测压管中的水溢出管外。

（4）注意排除实验导管内的空气泡。

（5）离心泵不要在空转和出口阀门全关的条件下工作。

八、实验数据记录（表 1-2）

表 1-2　伯努利方程实验数据表

序号	名称	流量/(L·h^{-1})					
		600		500		400	
		压强测量值 /mmH$_2$O	压头 /mmH$_2$O	压强测量值 /mmH$_2$O	压头 /mmH$_2$O	压强测量值 /mmH$_2$O	压头 /mmH$_2$O
1	静压头	794	794	813	813	833	833
2							
3							
4							
5							
6							
7							
8							
9							
10							
11							
12							
13							
14							
15							

九、实验结果分析

图 1-7 中，A 截面的直径 14mm；B 截面的直径 28mm；C 截面、D 截面的直径 14mm；以 D 截面中心线为零基准面（例如：标尺为 125mm）$Z_D=125$mm；A 截面和 D 截面的距离为 110mm；A、B、C 截面 $Z_A=Z_B=Z_C=110$mm（即标尺为 110mm）。

1. 冲压头的分析

冲压头为静压头与动压头之和。从实验观测到 A、B 截面上的冲压头依次下降，这符合式（1-2）所示的从截面 1 流至截面 2 的伯努利方程：

$$\left(\frac{p_2}{\rho g}+\frac{u_2^2}{2g}\right)=\left(\frac{p_1}{\rho g}+\frac{u_1^2}{2g}\right)-H_{f,1-2} \tag{1-2}$$

2. 静压头的分析（A、B 截面间）

由于两截面处于同一水平位置，B 截面面积比 A 截面面积大，这样 B 处的流速比 A 处小。设流体从 A 截面流到 B 截面的压头损失为 $H_{f,A-B}$。

以 A-B 面列伯努利方程：

$$\left(\frac{p_A}{\rho g}+\frac{u_A^2}{2g}\right)=\left(\frac{p_B}{\rho g}+\frac{u_B^2}{2g}\right)+H_{f,A-B} \tag{1-3}$$

$$Z_A=Z_B$$

$$\left(\frac{p_B}{\rho g}-\frac{p_A}{\rho g}\right)=\left(\frac{u_A^2}{2g}-\frac{u_B^2}{2g}\right)-H_{f,A-B} \tag{1-4}$$

即两截面处的静压头之差是由动压头减小和两截面间的压头损失来决定，$\frac{u_A^2}{2g}-\frac{u_B^2}{2g}>H_{f,A-B}$ 使得：在实验导管出口调节阀全开时，A 处的静压头为 837mmH$_2$O，B 处的静压头为 775mmH$_2$O，$p_A>p_B$，说明 B 处的静压能转化为动能。

3. 静压头的分析（C、D 截面间）

出口阀全开时，C 处和 D 处的静压头分别为 715mmH$_2$O 和 645mmH$_2$O，从 C 到 D 静压头降低了 70mmH$_2$O。在 C、D 间列伯努利方程，由于 C、D 截面积相等即动能相同。

$$\left(\frac{p_D}{\rho g}-\frac{p_C}{\rho g}\right)=(Z_C-Z_D)-H_{f,C-D} \tag{1-5}$$

从 C 到 D 的减小值，决定于 Z_C-Z_D 和 $H_{f,C-D}$；当 Z_C-Z_D 大于 $H_{f,C-D}$ 时，静压头的增值为负，反之，静压头的增值为正。

4. 压头损失的计算

以出口阀全开时从 C 到 D 的压头损失和 $H_{f,C-D}$ 为例。在 C、D 两截面间列伯努利方程

$$\frac{p_C}{\rho g}+\frac{u_C^2}{2g}+Z_C=\frac{p_D}{\rho g}+\frac{u_D^2}{2g}+Z_D+H_{f,C\text{-}D} \tag{1-6}$$

所以,压头损失的算法之一是用动压头来计算:

$$H_{f,C\text{-}D}=\left[\left(\frac{p_C}{\rho g}+\frac{u_C^2}{2g}\right)-\left(\frac{p_D}{\rho g}+\frac{u_D^2}{2g}\right)\right]+(Z_C-Z_D) \tag{1-7}$$

$$=(776-700)+(235-125)=186(\text{mmH}_2\text{O})$$

压头损失的算法之二是用静压头来计算($u_C=u_D$):

$$H_{f,C\text{-}D}=\left(\frac{p_C}{\rho g}-\frac{p_D}{\rho g}\right)+(Z_C-Z_D) \tag{1-8}$$

$$=(715-645)+(235-125)=180(\text{mmH}_2\text{O})$$

两种计算方法所得结果基本一致,说明所得实验数据是正确的。

十、思考与讨论

(1) 关闭阀 9 时,各测压管内液位高度是否相同?为什么?

(2) 阀 9 开度一定时,转动测压头手柄,各测压管内液位高度有何变化?变化的液位表示什么?

(3) 同题(2)条件,A、C 两截面及 B、C 两截面的液位变化是否相同?这一现象说明什么?

(4) 同题(2)条件,为什么可能出现 B 截面液位大于 A 截面液位?

(5) 阀 9 开度不变,且各测压孔方向相同,A 截面液位与 C 截面液位高度之差表示什么?

实验 3 液体流动阻力测定与泵性能测定实验

一、实验目的

(1) 学习直管摩擦阻力 Δp_f、直管摩擦系数 λ 的测定方法。

(2) 掌握直管摩擦系数 λ 与雷诺数 Re 和相对粗糙度之间的关系及变化规律。

(3) 掌握局部摩擦阻力 $\Delta p_f'$、局部阻力系数 ζ 的测定方法。

(4) 学习压强差的几种测量方法和提高其测量精确度的一些技巧。

(5) 熟悉离心泵的操作方法。
(6) 掌握离心泵特性曲线和管路特性曲线的测定方法、表示方法，加深对离心泵性能的了解。

二、实验内容

(1) 测定实验管路内流体流动的阻力和直管摩擦系数 λ。
(2) 测定实验管路内流体流动的直管摩擦系数 λ 与雷诺数 Re 和相对粗糙度之间的关系曲线。
(3) 测定管路部件局部摩擦阻力 Δp_f 和局部阻力系数 ζ。
(4) 测定某型号离心泵在一定转速下的特性曲线。
(5) 测定流量调节阀某一开度下管路特性曲线。

三、实验原理

1. 直管摩擦阻力系数 λ 与雷诺数 Re 的测定

直管的摩擦阻力系数是雷诺数和相对粗糙度的函数，即 $\lambda = f(Re, \varepsilon/d)$，对一定的相对粗糙度而言

$$\lambda = f(Re)$$

流体在一定长度等直径的水平圆管内流动时，其管路阻力引起的能量损失为：

$$h_f = \frac{p_1 - p_2}{\rho} = \frac{\Delta p_f}{\rho} \tag{1-9}$$

又因为摩擦阻力系数与阻力损失之间有如下关系（范宁公式）

$$h_f = \frac{\Delta p_f}{\rho} = \lambda \frac{l}{d} \times \frac{u^2}{2} \tag{1-10}$$

整理式 (1-9)、式 (1-10) 两式得

$$\lambda = \frac{2d}{\rho l} \times \frac{\Delta p_f}{u^2} \tag{1-11}$$

$$Re = \frac{du\rho}{\mu} \tag{1-12}$$

式中　d——直管段管径，m；
　　　Δp_f——直管阻力引起的压降，Pa；
　　　l——直管段管长，m；
　　　u——流速，m·s^{-1}；
　　　ρ——流体的密度，kg·m^{-3}；
　　　μ——流体的黏度，Pa·s。

在实验装置中，直管段管长 l 和管径 d 都已固定。若水温一定，则水的密度 ρ 和黏度

μ 也是定值。所以本实验实质上是测定直管段流体阻力引起的压降 Δp_f 与流速 u（或流量 q_v）之间的关系。

根据实验数据和式（1-11）可计算出不同流速下的直管摩擦系数 λ，用式（1-12）计算对应的 Re，整理出直管摩擦系数 λ 和雷诺数 Re 的关系，绘出 λ 与 Re 的关系曲线（图 1-9）。

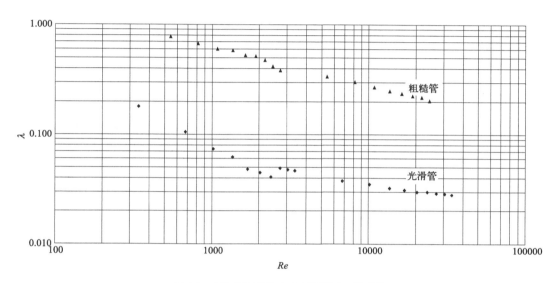

图 1-9　直管摩擦系数 λ 与雷诺数 Re 关联图

2. 局部阻力系数 ζ 的测定

$$h'_\mathrm{f} = \frac{\Delta p'_\mathrm{f}}{\rho} = \zeta \frac{u^2}{2} \quad \zeta = \left(\frac{2}{\rho}\right)\frac{\Delta p'_\mathrm{f}}{u^2}$$

式中　ζ——局部阻力系数，无量纲；

　　　$\Delta p'_\mathrm{f}$——局部阻力引起的压降，Pa；

　　　h'_f——局部阻力引起的能量损失，$\mathrm{J \cdot kg^{-1}}$。

局部阻力引起的压降 $\Delta p'_\mathrm{f}$ 可用下面方法测量：在一条各处直径相等的直管段上，安装待测局部阻力的阀门，在上、下游各开两对测压口 a-a' 和 b-b' 如图 1-10，使 $ab=bc$；$a'b'=b'c'$，则 $\Delta p_\mathrm{f,ab} = \Delta p_\mathrm{f,bc}$；$\Delta p_\mathrm{f,a'b'} = \Delta p_\mathrm{f,b'c'}$

在 $a\sim a'$ 之间列伯努利方程式　　$p_a - p_{a'} = 2\Delta p_\mathrm{f,ab} + 2\Delta p_\mathrm{f,a'b'} + \Delta p'_\mathrm{f}$ 　　　　（1-13）

在 $b\sim b'$ 之间列伯努利方程式　　$p_b - p_{b'} = \Delta p_\mathrm{f,bc} + \Delta p_\mathrm{f,b'c'} + \Delta p'_\mathrm{f}$

$$= \Delta p_\mathrm{f,ab} + \Delta p_\mathrm{f,a'b'} + \Delta p'_\mathrm{f} \quad (1\text{-}14)$$

联立式（1-13）和式（1-14），则：$\Delta p'_\mathrm{f} = 2(p_b - p_{b'}) - (p_a - p_{a'})$

为了实验方便，称 $p_b - p_{b'}$ 为近点压差，称 $p_a - p_{a'}$ 为远点压差。其数值用差压传感器或 U 形管压差计来测量（图 1-11）。

图 1-10 局部阻力测量取压口布置图

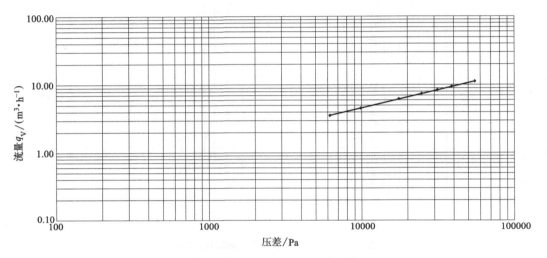

图 1-11 流量计标定流量 q_V 与压差关联图

3. 离心泵特性曲线的测定

离心泵是最常见的液体输送设备。在一定的型号和转速下，离心泵的扬程 H、轴功率 N 及效率 η 均随流量 Q 而改变。通常通过实验测出 $H\text{-}Q$、$N\text{-}Q$ 及 $\eta\text{-}Q$ 关系，并用曲线表示，称为特性曲线。特性曲线是确定泵的适宜操作条件和选用泵的重要依据。泵特性曲线的具体测定方法如下。

（1）H 的测定

在泵的吸入口和排出口之间列伯努利方程

$$Z_入 + \frac{p_入}{\rho g} + \frac{u_入^2}{2g} + H = Z_出 + \frac{p_出}{\rho g} + \frac{u_出^2}{2g} + H_{f,入\text{-}出} \tag{1-15}$$

$$H = Z_出 - Z_入 + \frac{p_出 - p_入}{\rho g} + \frac{u_出^2 - u_入^2}{2g} + H_{f,入\text{-}出} \tag{1-16}$$

式（1-16）中 $H_{f,入\text{-}出}$ 是泵的吸入口和压出口之间管路内的流体流动阻力，与伯努利方程中其他项比较，$H_{f,入\text{-}出}$ 值很小，故可忽略。于是式（1-16）可变为：

$$H = Z_出 - Z_入 + \frac{p_出 - p_入}{\rho g} + \frac{u_出^2 - u_入^2}{2g} \tag{1-17}$$

将测得的 $Z_出-Z_入$ 和 $p_出-p_入$ 值以及计算所得的 $u_入$、$u_出$ 代入式（1-17），即可求得 H。

(2) N 的测定

功率表测得的功率为电动机的输入功率。由于泵由电动机直接带动，传动效率可视为1，所以电动机的输出功率等于泵的轴功率。即：

泵的轴功率 $N=$ 电动机的输出功率，kW。

电动机输出功率 = 电动机输入功率 × 电动机效率。

泵的轴功率 = 功率表读数 × 电动机效率，kW。

(3) η 测定

$$\eta = \frac{N_e}{N} \tag{1-18}$$

$$N_e = \frac{HQ\rho g}{1000} = \frac{HQ\rho}{102} \text{ (kW)} \tag{1-19}$$

式中 η——泵的效率；

N——泵的轴功率，kW；

N_e——泵的有效功率，kW；

H——泵的扬程，m；

Q——泵的流量，$m^3 \cdot s^{-1}$；

ρ——水的密度，$kg \cdot m^{-3}$。

4. 管路特性曲线的测定

当离心泵安装在特定的管路系统中工作时，实际的工作压头和流量不仅与离心泵本身的性能有关，还与管路特性有关，也就是说，在液体输送过程中，泵和管路二者相互制约的。

管路特性曲线是指流体流经管路系统的流量与所需压头之间的关系。若将泵的特性曲线与管路特性曲线绘制在同一坐标轴上，两曲线交点即为泵的在该管路的工作点。因此，如同通过改变阀门开度来改变管路特性曲线，求出泵的特性曲线一样，可通过改变泵转速来改变泵的特性曲线，从而得出管路特性曲线。泵的压头 H 计算同上（图1-12）。

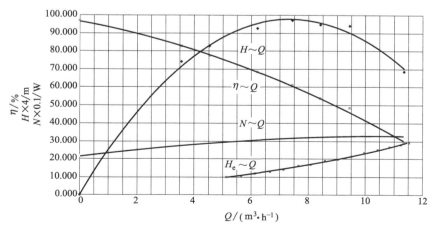

图1-12 离心泵特性及管路特性图

5. 流量计性能的测定

流体通过节流式流量计时会在上、下游测压口之间产生压强差，它与流量的关系为：

$$q_V = C_0 A_0 \sqrt{\frac{2(p_上 - p_下)}{\rho}} \tag{1-20}$$

式中 q_V——被测流体（水）的体积流量，$m^3 \cdot s^{-1}$；

C_0——流量系数，无量纲；

A_0——流量计节流孔截面积，m^2；

$p_上 - p_下$——流量计上、下游测压口之间的压强差，Pa；

ρ——被测流体（水）的密度，$kg \cdot m^{-3}$。

用涡轮流量计作为标准流量计来测量流量 q_V，每一个流量在压差计上都有一对应的读数，将压差计读数 Δp 和流量 q_V 绘制成一条曲线，即流量标定曲线。同时利用式（1-20）整理数据可进一步得到 C_0-Re 关系曲线（图1-13）。

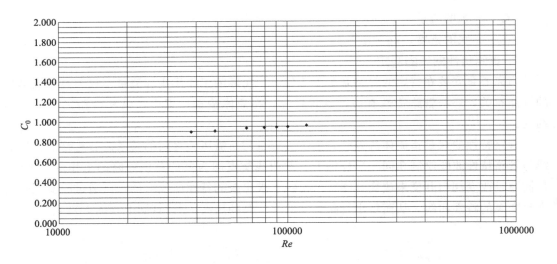

图1-13 流量计标定 C_0 与雷诺数 Re 关联图

四、实验装置的基本情况

1. 实验装置流程示意图（图1-14）

（1）流体阻力测量

水泵2将储水槽1中的水抽出，送入实验系统，经转子流量计22、23测量流量，然后送入被测直管段测量流体流动阻力，经回流管流回储水槽1。被测直管段流体流动阻力

Δp 可根据其数值大小分别采用压力传感器 12 或倒 U 形管来测量。

(2) 流量计、离心泵性能测定

水泵 2 将储水槽 1 内的水输送到实验系统，流体经涡轮流量计 13 计量，用电动流量调节阀 24 调节流量，回到储水槽。同时测量文丘里流量计两端的压差，离心泵进出口压强、离心泵电机输入功率并记录。

(3) 管路特性测量

用流量调节阀 24 调节流量到某一位置，改变电机频率，测定涡轮流量计的频率、泵入口压强、泵出口压强并记录。

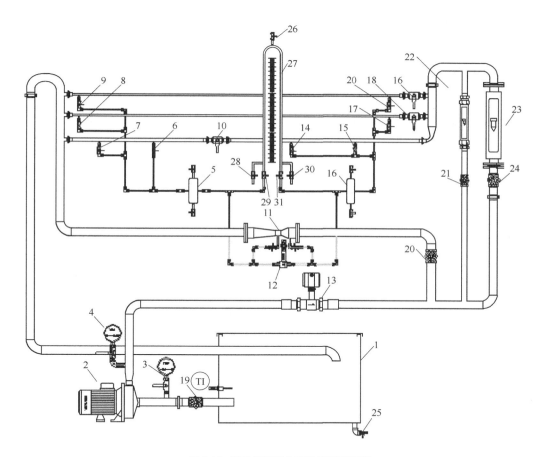

图 1-14　流动过程综合实验流程示意图

1—储水槽；2—水泵；3—入口真空表；4—离心泵出口压力表；5、16—缓冲罐；
6、14—测局部阻力近端阀；7、15—测局部阻力远端阀；8、17—粗糙管测压阀；
9、20—光滑管测压阀；10—局部阻力阀；11—文丘里流量计（孔板流量计）；
12—压力传感器；13—涡轮流量计；16—光滑管；18—粗糙管、19—泵入口阀；
21—小转子流量计阀；22—小转子流量计；23—大转子流量计；24—大转子流量计阀；
25—储水槽放水阀；26—倒 U 形管放空阀；27—倒 U 形管；
28、30—倒 U 形管排水阀；29、31—倒 U 形管进、出水阀

2. 实验设备主要技术参数（表1-3）

表1-3　实验设备主要技术参数

序号	名称	规格	材料
1	玻璃转子流量计	LZB—25　　100~1000L·h^{-1} VA10-15F　10~100L·h^{-1}	
2	入口压力传感器	-0.1~0MPa	
3	出口压力传感器	0~0.5MPa	
4	压差传感器	型号LXWY　测量范围0~200kPa	不锈钢
5	离心泵	型号WB70/055	不锈钢
6	文丘里流量计	喉径0.020m	不锈钢
7	实验管路	管径0.043m	不锈钢
8	真空表	测量范围-0.1~0MPa　精度1.5级， 真空表测压位置管内径d_1=0.028m	
9	压力表	测量范围0~0.25MPa　精度1.5级 压强表测压位置管内径d_2=0.042m	
10	涡轮流量计	型号LWY-40 测量范围0~20m^3·h^{-1}	
11	变频器	型号E310-401-H3　规格:0~50Hz	

光滑管：管径d为0.008m，管长L为1.70m；
粗糙管：管径d为0.010m，管长L为1.70m；
真空表与压强表测压口之间的垂直距离H_0=0.25m。

3. 实验装置面板图（图 1-15）

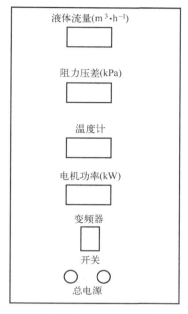

图 1-15　实验装置面板图

4. 流体综合实验装置实物图（图 1-16）

图 1-16　流体综合实验装置实物图

五、实验操作步骤

1. 流体阻力测定

（1）向储水槽内注水至水满为止。（最好使用蒸馏水，以保持流体清洁）

（2）光滑管阻力测定

① 关闭粗糙管路阀门 8、17、18，将光滑管路阀门 9、21、16 全开，在流量为零条件下，打开通向倒置 U 形管的出水阀 29、31，检查导压管内是否有气泡存在。若倒置 U 形管内液柱高度差不为零，则表明导压管内存在气泡，需要进行赶气泡操作。导压系统如图 1-17 所示，赶气泡操作方法如下：

加大流量，打开 U 形管进出水阀门 29、31，使倒置 U 形管内液体充分流动，以赶出管路内的气泡；若观察气泡已赶净，将流量调节阀 24 关闭，U 形管进出水阀 29、31 关闭，慢慢旋开倒置 U 形管上部的放空阀 26 后，分别缓慢打开阀门 28、30，使液柱降至中点上下时马上关闭，管内形成气-水柱，此时管内液柱高度差不一定为零。然后关闭放空阀 26，打开 U 形管进出水阀 29、31，此时 U 形管两液柱的高度差应为零（1~2mm 的高度差可以忽略），如不为零则表明管路中仍有气泡存在，需要重复进行赶气泡操作。

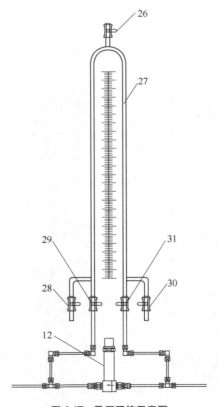

图 1-17　导压系统示意图

12—压力传感器；26—倒 U 形管放空阀；27—倒 U 形管；28,30—倒 U 形管排水阀；29,31—倒 U 形管进水阀

② 该装置两个转子流量计并联连接，根据流量大小选择不同量程的流量计测量流量。

③ 差压变送器与倒 U 形管亦是并联连接，用于测量压差，小流量时用 U 形管压差计测量，大流量时用压差传感器测量。应在最大流量和最小流量之间进行实验操作，一般测取 15~20 组数据。

注：在测大流量的压差时应关闭 U 形管的进出水阀 29、31，防止水利用 U 形管形成回路影响实验数据。

（3）粗糙管阻力测定

关闭光滑管阀，将粗糙管阀全开，从小流量到最大流量，测取 15~20 组数据。

（4）测取水箱水温。待数据测量完毕，关闭流量调节阀，停泵。

（5）粗糙管、局部阻力测量方法同上。

2. 流量计、离心泵性能测定

（1）向储水槽内注入蒸馏水。检查泵出口阀 20，出口压力表 4 的开关及入口真空表 3 的开关是否关闭（应关闭）。

（2）启动离心泵，调节缓慢打开泵出口阀 20 至全开。待系统内流体稳定，即系统内已没有气体，打开出口压力表和入口真空表的开关，方可测取数据。

（3）用阀 20 调节流量，从流量为零至最大或流量从最大到零，测取 10~15 组数据，同时记录涡轮流量计频率、文丘里流量计的压差、泵入口压强、泵出口压强、功率表读数，并记录水温。

（4）实验结束后，关闭流量调节阀，停泵，切断电源。

3. 管路特性的测量

（1）测量管路特性曲线测定时，先置流量调节阀 24 为某一开度，调节离心泵电机频率（调节范围 50~20Hz），测取 8~10 组数据，同时记录电机频率、泵入口压强、泵出口压强、流量计读数，并记录水温。

（2）实验结束后，关闭流量调节阀，停泵，切断电源。

六、实验注意事项

（1）仔细阅读数字仪表操作方法说明书，待熟悉其性能和使用方法后再进行使用操作。

（2）启动离心泵之前以及从光滑管阻力测量过渡到其他测量之前，都必须检查所有流量调节阀是否关闭。

（3）利用压力传感器测量大流量下 Δp 时，应切断倒置 U 形管的阀门，否则将影响测量数值的准确。

（4）在实验过程中每调节一个流量之后，应等待流量和直管压降的数据稳定以后方可记录数据。

（5）若较长时间未使用该装置，启动离心泵时应先盘轴转动以免烧坏电机。

（6）该装置电路采用五线三相制配电，实验设备应良好接地。

（7）使用变频调速器时一定注意 FWD 指示灯亮，切忌按 $\boxed{\text{FWD REV}}$ 键，REV 指示灯亮时电机反转。

（8）启动离心泵前，必须关闭流量调节阀，关闭压力表和真空表的开关，以免损坏测量仪表。

（9）实验用水要用清洁的蒸馏水，以免影响涡轮流量计运行和寿命。

七、数据处理过程举例

1. 光滑管小流量数据（以表 1-4 第 13 组数据为例）

$q_V = 70 \text{L} \cdot \text{h}^{-1}$，$\Delta p = 67 \text{mmH}_2\text{O}$，实验水温 $t = 10.2℃$，黏度 $\mu = 1.3 \times 10^{-3}$ (Pa·s)，密度 $\rho = 999.27 \text{kg} \cdot \text{m}^{-3}$。

管内流速 $u = \dfrac{q_V}{\dfrac{\pi}{4}d^2} = \dfrac{(70/3600)/1000}{(\pi/4) \times 0.008^2} = 0.39 \text{m} \cdot \text{s}^{-1}$

阻力降 $\Delta p_f = \rho g h = 1000 \times 9.81 \times 67/1000 = 657.3 \text{ (Pa)}$

雷诺数 $Re = \dfrac{du\rho}{\mu} = \dfrac{0.008 \times 0.39 \times 999.27}{1.3 \times 10^{-3}} = 2.398 \times 10^3$

阻力系数 $\lambda = \dfrac{2d}{\rho L} \cdot \dfrac{\Delta p_f}{u^2} = \dfrac{2 \times 0.008}{1000 \times 1.70} \times \dfrac{653}{0.39^2} = 4.04 \times 10^{-2}$

2. 粗糙管大流量数据（以表 1-5 第 8 组数据为例）

$q_V = 300 \text{L} \cdot \text{h}^{-1}$，$\Delta p = 28.8 \text{kPa}$，实验水温 $t = 10.2℃$，黏度 $\mu = 1.3 \times 10^{-3}$ (Pa·s)，密度 $\rho = 999.27 \text{kg} \cdot \text{m}^{-3}$。

管内流速 $u = \dfrac{q_V}{\dfrac{\pi}{4}d^2} = \dfrac{300/3600/1000}{\pi/4 \times 0.01^2} = 1.06 \text{ (m} \cdot \text{s}^{-1})$

阻力降 $\Delta p_f = 28.8 \times 1000 = 28800 \text{ (Pa)}$

雷诺数 $Re = \dfrac{du\rho}{\mu} = \dfrac{0.01 \times 1.06 \times 999.27}{1.3 \times 10^{-3}} = 8.15 \times 10^3$

阻力系数 $\lambda = \dfrac{2d}{\rho L} \times \dfrac{\Delta p_f}{u^2} = \dfrac{2 \times 0.01}{999.27 \times 1.7} \times \dfrac{28800}{1.06^2} = 0.301$

3. 局部阻力实验数据（以表 1-6 第 2 组数据为例）

$q_V = 800 \text{L} \cdot \text{h}^{-1}$，近端压差 $= 66.6 \text{kPa}$，远端压差 $= 66.8 \text{kPa}$。

管内流速 $u = \dfrac{q_V}{\dfrac{\pi}{4}d^2} = \dfrac{800/3600/1000}{(\pi/4) \times 0.02^2} = 0.708 \text{ (m} \cdot \text{s}^{-1})$

局部阻力：$\Delta p'_f = 2(p_b - p'_b) - (p_a - p'_a) = (2 \times 66.6 - 66.8) \times 1000 = 66400$ (Pa)

局部阻力系数： $\zeta = \dfrac{2}{\rho} \cdot \dfrac{\Delta p'_f}{u^2} = \dfrac{2}{1000} \times \dfrac{66400}{0.708^2} = 265.1$

4. 流量计性能测定（以表 1-7 第 5 组数据为例）

涡轮流量计 $q_V = 6.22 \text{m}^3 \cdot \text{h}^{-1}$，流量计压差 17.5kPa，实验水温 $t = 10.2℃$，黏度 $\mu = 1.3 \times 10^{-3}$Pa·s，密度 $\rho = 999.27 \text{kg} \cdot \text{m}^{-3}$。

$$u = \dfrac{6.22}{3600 \times \pi/4 \times 0.043^2} = 1.19 (\text{m} \cdot \text{s}^{-1})$$

$$Re = \dfrac{du\rho}{\mu} = \dfrac{0.043 \times 1.374 \times 999.27}{1.3 \times 10^{-3}} = 6.66 \times 10^4$$

$$q_V = CA_0 \sqrt{\dfrac{2\Delta p}{\rho}}$$

$$C_0 = \dfrac{q_V}{A_0 \sqrt{\dfrac{2\Delta p}{\rho}}} = \dfrac{6.22}{3600 \times \dfrac{\pi}{4} \times 0.02 \times 0.02 \times \sqrt{\dfrac{2 \times 17.5 \times 1000}{999.27}}} = 0.930$$

5. 离心泵性能的测定

(1) H 的测定：（以表 1-8 第 1 组数据为例）

涡轮流量计读数 $Q = 11.35$ ($\text{m}^3 \cdot \text{h}^{-1}$)，功率表读数：0.54kW，离心泵出口压力表：0.06MPa，离心泵入口压力表：-0.008MPa，实验水温 $t = 10.2℃$，黏度 $\mu = 1.3 \times 10^{-3}$Pa·s，密度 $\rho = 999.27 \text{kg} \cdot \text{m}^{-3}$。

$$H = (Z_{出} - Z_{入}) + \dfrac{p_{出} - p_{入}}{\rho g} + \dfrac{u_{出}^2 - u_{入}^2}{2g}$$

$$H = 0.25 + \dfrac{(0.008 + 0.06) \times 1000000}{999.27 \times 9.81} = 7.19 \text{ (m)}$$

$N = $ 功率表读数 $\times$ 电机效率 $= 0.54 \times 60\% = 0.324 (\text{kW}) = 324 (\text{W})$

$$\eta = \dfrac{N_e}{N}$$

$$N_e = \dfrac{HQ\rho}{102} = \dfrac{7.19 \times 11.35/3600 \times 1000 \times 999.27}{102} = 222.1 \text{ (W)}$$

$$\eta = \dfrac{222.1}{324} = 68.54\%$$

附：实验数据记录表

表 1-4 流体阻力实验数据记录（光滑管）

液体温度：10.2℃　　时间　　年　月　日

密度 ρ：999.27kg·m^{-3}；黏度 μ：1.3mPa·s
管长：1.700m；管径：0.008m

序号	流量 /(L·h^{-1})	直管压差 Δp			流速 u /(m·s^{-1})	Re	λ
		kPa	mmH$_2$O	Pa			
1	1000	91		91000	5.53	33955	0.028
2	900	75.3		75300	4.98	30560	0.029
3	800	60		60000	4.42	27164	0.029
4	700	47.7		47700	3.87	23769	0.030
5	600	35.1		35100	3.32	20373	0.030
6	500	25.3		25300	2.76	16978	0.031
7	400	16.9		16900	2.21	13582	0.033
8	300	10.3		10300	1.66	10187	0.035
9	200	4.9		4900	1.11	6791	0.038
10	100		156	1521	0.55	3396	0.047
11	90		128	1248	0.50	3056	0.047
12	80		105	1024	0.44	2716	0.049
13	70		67	653	0.39	2377	0.041
14	60		54	527	0.33	2037	0.045
15	50		40	390	0.28	1698	0.048
16	40		33	322	0.22	1358	0.062
17	30		22	215	0.17	1019	0.073
18	20		14	137	0.11	679	0.105
19	10		6	59	0.06	340	0.180

表 1-5 流体阻力实验数据记录（粗糙管）

液体温度：10.2℃，时间：2015 年 11 月 11 日

密度 ρ：999.27kg·m^{-3}，黏度 μ：1.3mPa·s
管长：1.700m，管径：0.01m

序号	流量 /(L·h^{-1})	直管压差 Δp			流速 u /(m·s^{-1})	Re	λ
		kPa	mmH$_2$O	Pa			
1	900	174.5		174500	3.18	24448	0.203
2	800	148.5		148500	2.83	21731	0.218
3	700	116.9		116900	2.48	19015	0.224
4	600	90.4		90400	2.12	16298	0.236
5	500	66.5		66500	1.77	13582	0.250
6	400	46.1		46100	1.42	10866	0.271
7	300	28.8		28800	1.06	8149	0.301
8	200	14.3		14300	0.71	5433	0.336
9	100	4.1		4100	0.35	2716	0.386
10	90	3.6		3600	0.32	2445	0.418
11	80		332	3238	0.28	2173	0.476
12	70		275	2682	0.25	1901	0.515
13	60		207	2019	0.21	1630	0.527
14	50		160	1560	0.18	1358	0.587
15	40		105	1024	0.14	1087	0.602
16	30		66	644	0.11	815	0.672
17	20		34	332	0.07	543	0.779
18	10		11	107	0.04	272	1.009

表 1-6　局部阻力实验数据表

序号	流量 Q /(L·h^{-1})	近端压差 /kPa	远端压差 /kPa	流速 u /(m·s^{-1})	局部阻力压差 /Pa	阻力系数 ζ
1	66.6	66.8	0.708	66400	265.1	66.6
2	117.5	117.6	0.531	117400	833.4	117.5

表 1-7　流量计性能测定实验数据记录

液体温度:10.2℃

液体密度 ρ:999.27kg·m^{-3},管径:0.043m

序号	文丘里流量计读数 /kPa	文丘里流量计读数 /Pa	流量 Q /(m^3·h^{-1})	流速 u /(m·s^{-1})	Re	Co
1	55.1	55100	11.35	2.172	121212	0.956
2	38.9	38900	9.44	1.807	100815	0.947
3	31.3	31300	8.41	1.609	89815	0.940
4	24.7	24700	7.44	1.424	79456	0.936
	17.5	17500	6.22	1.190	66427	0.930
6	9.8	9800	4.53	0.867	48378	0.905
7	6.2	6200	3.56	0.681	38019	0.894

表 1-8　离心泵性能测定实验数据记录

液体温度:10.2℃,泵进出口高度:0.25m

液体密度 ρ:999.27kg·m^{-3},管径:0.04m

序号	入口压力 p_1 /MPa	出口压力 p_2 /MPa	电机功率 /kW	流量 Q /(m^3·h^{-1})	压头 h /m	泵轴功率 N /W	η/%
1	−0.008	0.06	0.54	11.35	7.19	324	68.554
2	−0.006	0.11	0.55	9.44	12.08	330	94.123
3	−0.004	0.125	0.54	8.41	13.41	324	94.779
4	−0.002	0.145	0.53	7.44	15.25	318	97.128
5	0	0.165	0.52	6.22	17.08	312	92.730

续表

序号	入口压力 p_1 /MPa	出口压力 p_2 /MPa	电机功率 /kW	流量 Q /(m³·h⁻¹)	压头 h /m	泵轴功率 N /W	η/%
6	0	0.187	0.48	4.53	19.33	288	82.775
7	0	0.2	0.45	3.56	20.65	270	74.149
8	0	0.235	0.36	0	24.22	216	0.000

八、思考与讨论

（1）测定摩擦阻力系数需要什么仪器仪表？要测定哪些数据？如何处理数据？简述所用流量计、差压计的原理及优点。

（2）为什么要进行排气操作，如何排气？为什么错误的操作会将 U 形管中的水银冲走？

（3）以水为工作流体测定的 λ-Re 曲线，能否用来计算空气在管内的流动阻力？为什么？

（4）离心泵开启前，为什么要先灌水排气？

（5）启动泵前，为什么要先关闭出口阀，待启动后再逐渐开大，而停泵时也要先关闭出口阀？

（6）离心泵的特性曲线是否与连接的管路系统有关？

（7）离心泵流量愈大，则泵入口处的真空度愈大，为什么？

（8）离心泵的流量可由泵出口阀调节，为什么？

第2章

热量传递实验

实验4 汽-气对流传热综合实验

一、实验目的

(1) 通过对汽-气简单套管换热器的实验研究,掌握对流传热系数 α_i 的测定方法,加深对其概念和影响因素的理解。

(2) 通过对管程内部插有螺旋线圈的汽-气强化套管换热器的实验研究,掌握对流传热系数 α_i 的测定方法,加深对其概念和影响因素的理解。

(3) 学会并应用线性回归分析方法,确定传热管关联式 $Nu_0 = ARe^m Pr^{0.4}$ 中常数 A、m 数值,强化管关联式 $Nu = BRe^m Pr^{0.4}$ 中 B 和 m 数值。

(4) 根据计算出的 Nu、Nu_0 求出强化比 $\dfrac{Nu}{Nu_0}$,比较强化传热的效果,加深理解强化传热的基本理论和基本方式。

二、实验内容

(1) 测定 5~6 组不同流速下简单套管换热器的对流传热系数 α_i。

(2) 测定 5~6 组不同流速下强化套管换热器的对流传热系数 α_i。

(3) 对 α_i 实验数据进行线性回归,确定关联式 $Nu = ARe^m Pr^{0.4}$ 中常数 A、m 的数值。

(4) 通过关联式 $Nu_0 = BRe^m Pr^{0.4}$ 计算出 Nu、Nu_0,并确定传热强化比 Nu/Nu_0。

三、实验原理

1. 简单套管换热器传热系数测定及准数关联式的确定

（1）对流传热系数 α_i 的测定

对流传热系数 α_i 可以根据牛顿冷却定律，通过实验来测定。

$$Q_i = \alpha_i S \Delta t_{mi}$$

$$\alpha_i = \frac{Q_i}{\Delta t_m S_i} \quad (2\text{-}1)$$

式中　α_i——管内流体对流传热系数，$W \cdot m^{-2} \cdot ℃^{-1}$；

　　　Q_i——管内传热速率，W；

　　　S——管内换热面积，m^2；

　　　Δt_{mi}——管内平均温度差，℃。

平均温度差由式（2-2）确定：

$$\Delta t_{mi} = t_w - \overline{t_m} \quad (2\text{-}2)$$

式中　$\overline{t}$——冷流体的入口、出口平均温度，℃；

　　　t_w——壁面平均温度，℃。

因为换热器内管为紫铜管，其导热系数很大，且管壁很薄，故认为内壁温度、外壁温度和壁面平均温度近似相等，用 t_w 来表示，由于管外使用蒸汽，所以 t_w 近似等于热流体的平均温度。

管内换热面积：

$$S = \pi d_i L \quad (2\text{-}3)$$

式中　d_i——内管管内径，m；

　　　L——传热管测量段的实际长度，m。

由热量衡算式：

$$Q_i = W_i c_{pi} (t_{i2} - t_{i1}) \quad (2\text{-}4)$$

其中质量流量 W_i 由式（2-5）求得：

$$W_i = \frac{V_i \rho_i}{3600} \quad (2\text{-}5)$$

式中　V_i——冷流体在套管内的平均体积流量，$m^3 \cdot h^{-1}$；

　　　c_{pi}——冷流体的定压比热，$kJ \cdot kg^{-1} \cdot ℃^{-1}$；

　　　ρ_i——冷流体的密度，$kg \cdot m^{-3}$。

c_{pi} 和 ρ_i 可根据定性温度 t_m 查得，$t_m = \dfrac{t_{i1} + t_{i2}}{2}$ 为冷流体进出口平均温度；t_{i1}、t_{i2}、

t_w、V_i 可采取一定的测量手段得到。

(2) 对流传热系数准数关联式的实验确定

流体在管内作强制湍流，被加热状态，准数关联式的形式为：

$$Nu_i = ARe_i^m Pr_i^n \qquad (2-6)$$

其中：$Nu_i = \dfrac{\alpha_i d_i}{\lambda_i}$；$Re_i = \dfrac{u_i d_i \rho_i}{\mu_i}$；$Pr_i = \dfrac{c_{pi} \mu_i}{\lambda_i}$。

物性数据 λ_i、c_{pi}、ρ_i、μ_i 可根据定性温度 t_m 查得。经过计算可知，对于管内被加热的空气，普朗特数 Pr_i 变化不大，可以认为是常数，则关联式的形式简化为：

$$Nu_i = ARe_i^m Pr_i^{0.4} \qquad (2-7)$$

这样通过实验确定不同流量下的 Re_i 与 Nu_i，然后用线性回归方法确定 A 和 m 的值。

2. 强化套管换热器传热系数、特征数关联式及强化比的测定

强化传热技术，可以使初设计的传热面积减小，从而减小换热器的体积和重量，提高了现有换热器的换热能力。同时换热器能够在较低温差下工作，减少了换热器工作阻力，以减少动力消耗，更合理有效地利用能源。强化传热的方法有多种，本实验装置采用在换热器内管插入螺旋线圈的方法来强化传热的。

其中螺旋线圈的结构图如图 2-1 所示，螺旋线圈由直径 3mm 以下的铜丝和钢丝按一定节距绕成。将金属螺旋线圈插入并固定在管内，即可构成一种强化传热管。在近壁区域，流体一面由于螺旋线圈的作用而发生旋转，另一面还周期性地受到线圈的螺旋金属丝的扰动，因而可以强化传热。由于绕制线圈的金属丝直径很细，流体旋流强度也较弱，所以阻力较小，有利于节省能源。螺旋线圈以线圈节距 H 与管内径 d 的比值为主要技术参数，且长径比是影响传热效果和阻力系数的重要因素。

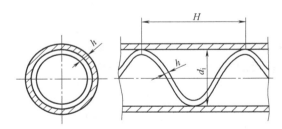

图 2-1 螺旋线圈强化管内部结构

科学家通过实验研究总结了形式为 $Nu = BRe^m Pr^{0.4}$ 的经验公式，其中 B 和 m 的值因强化方式不同而不同。在本实验中，确定不同流量下的 Re_i 与 Nu_i，用线性回归方法可确定 B 和 m 的值。

单纯研究强化手段的强化效果（不考虑阻力的影响），可以用强化比的概念作为评判准则，它的形式为 Nu/Nu_0，其中 Nu 是强化管的努塞特数，Nu_0 是普通管的努塞特数，显然，强化比 $Nu/Nu_0 > 1$，而且它的值越大，强化效果越好。需要说明的是，如果评判

强化方式的实际效果和经济效益,则必须考虑阻力因素,阻力系数随着换热系数的增加而增加,从而导致换热性能的降低和能耗的增加,只有强化比较高,且阻力系数较小的强化方式,才是最佳的强化方法。

四、实验装置的基本情况

1. 实验装置流程

如图 2-2 所示,装置的主体是两根平行的套管换热器 4 和 9,内管为紫铜材质,外管为不锈钢管,两端用不锈钢法兰固定。实验用的蒸汽发生器 18 为电加热釜,加热电压可由固态调节器调节。空气由旋涡气泵 15 提供,使用旁路调节阀 14 调节流量。蒸汽管路,使用三通和球阀分别控制进入两个套管换热器 4 和 9。

空气由旋涡气泵 15 吹出,由旁路调节阀 14 调节,经孔板流量计 12,由空气进口阀 1 或 7 选择不同的支路进入换热器。管程蒸汽由蒸汽发生器 18 发生后自然上升,经蒸汽进口阀 10 或 13 选择逆流进入换热器 4 或 9 壳程,经蒸汽出口 3 或 8 到散热器 20 冷却成水,流回储水罐 16。

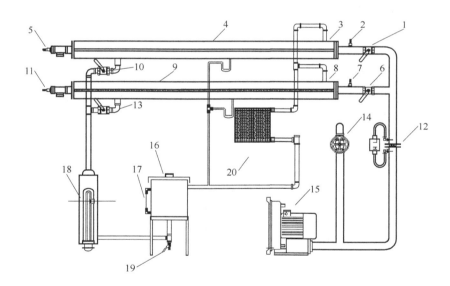

图 2-2 传热综合实验装置流程图

1—光滑管空气进口阀;2—光滑管空气进口温度测试点;3—光滑管蒸汽出口;
4—光滑套管换热器;5—光滑管空气出口温度测试点;6—强化管空气进口阀;
7—强化管空气进口温度测试点;8—强化管蒸汽出口;9—内插有螺旋线圈的
强化套管换热器;10—光滑套管蒸汽进口阀;11—强化管空气出口温度测试点;
12—孔板流量计;13—强化套管蒸汽进口阀;14—空气旁路调节阀;15—旋涡气泵;
16—储水罐;17—液位计;18—蒸汽发生器;19—排水阀;20—散热器

2. 实验设备主要技术参数（表 2-1）

表 2-1　实验装置结构参数

实验内管内径 d_i/mm		20
实验内管外径 d_o/mm		22.0
实验外管内径/mm		50
实验内管外径/mm		57
测量段(紫铜内管)长度 L/m		1.20
强化内管内插物(螺旋线圈)尺寸	丝径 h/mm	1
	节距 H/mm	40
孔板流量计孔流系数及孔径		$c_0=0.65, d_0=0.017\mathrm{m}$
旋涡气泵		XGB-2 型
加热釜	操作电压/V	≤200
	操作电流/A	≤10

3. 实验设备实物图（图 2-3）

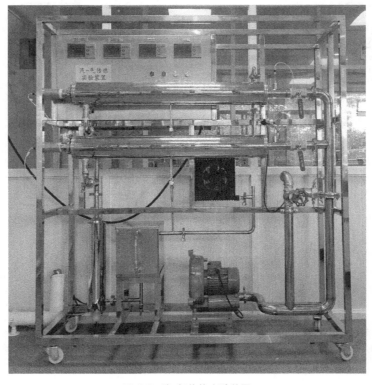

图 2-3　汽-气传热实验装置

4. 实验装置面板图（图2-4）

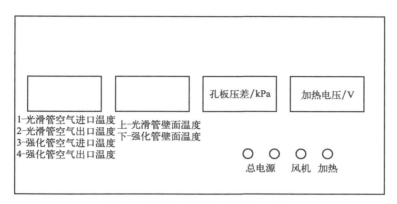

图2-4　传热过程综合实验装置、面板图

五、实验操作步骤

1. 实验前的检查准备

（1）向储水箱16中加水至液位计17上端。

（2）检查空气旁路调节阀14是否全开（应全开）。

（3）检查蒸汽管支路各控制阀10、13和空气支路控制阀1、6是否已打开（应保证有一路是开启状态），保证蒸汽和空气管线畅通。

（4）合上电源总闸，设定加热电压，启动电加热器开关，开始加热。加热系统处于完好状态。

2. 实验测定

（1）合上电源总开关。打开加热开关，设定加热电压（不得大于200V），直至换热管壁面平均温度（t_w）稳定，这时有水蒸气冒出，经过散热器20将水蒸气冷凝下来，并流回到储水罐16中循环使用。

加热电压的设定：按一下加热电压控制仪表的键，在仪表的SV显示窗中右下方出现一闪烁的小点，每按一次键，小点便向左移动一位，小点在哪一位上就可以利用"、"键调节相应位子的数值，调好后在不按动仪表上任何按键的情况下30s后仪表自动确认，并按所设定的数值应用。

（2）合上面板上风机开关启动风机并用旁路调节阀14来调节空气的流量，在一定的流量下稳定3~5min后分别测量空气的流量，空气进、出口的温度，由温度巡检仪测量（1：光滑管空气进口温度；2：光滑管空气出口温度；3：粗糙管空气进口温度；4：粗糙管空气出口温度），换热器内管壁面的温度由温度巡检仪（上-光滑管壁面温度；下-粗糙管壁面温度）测得。然后，在改变流量稳定后分别测量空气的流量，空气进，出口的温度，壁面温度后继续实验。

(3) 实验结束后，依次关闭加热、风机和总电源。一切复原。

六、实验注意事项

(1) 检查蒸汽发生器中的水位是否在正常范围内。特别是每个实验结束后，进行下一实验之前，如果发现水位过低，应及时补给水量。

(2) 必须保证蒸汽上升管路的畅通。即在给蒸汽加热釜电压之前，两蒸汽支路阀门之一必须全开。在转换支路时，应先开启需要的支路阀，再关闭另一侧，且开启和关闭阀门必须缓慢，防止管线截断或蒸汽压力过大突然喷出。

(3) 必须保证空气管路的畅通。即在接通风机电源之前，两个空气支路控制阀之一和旁路调节阀必须全开。在转换支路时，应先关闭风机电源，然后开启和关闭支路阀。

(4) 调节流量后，应至少稳定 3~8min 后读取实验数据。

(5) 实验中保持上升蒸汽量的稳定，不应改变加热电压，且保证蒸汽出口一直有蒸汽放出。

七、实验数据记录及数据处理过程举例（仅供参考，以实际数据为准）

实验数据的计算过程简介（以表 2-2 第 1 组数据为例）。

孔板流量计压差 $\Delta p = 0.83$ kPa，壁面温度 $t_w = 99.1$ ℃，

进口温度 $t_1 = 18$ ℃，出口温度 $t_2 = 59.2$ ℃，

传热管内径 d_i（mm）及流通截面积 F（m^2）：

$$d_i = 20.0 \text{mm} = 0.0200 \text{m}$$

$$F = \pi d_i^2/4 = 3.142 \times (0.0200)^2/4 = 0.0003142 \ (\text{m}^2)$$

传热管有效长度 L（m）及传热面积 S（m^2）：

$$L = 1.200 \text{m}$$

$$S = \pi d_i L = 3.14 \times 0.0200 \times 1.200 = 0.075394 \ (\text{m}^2)$$

传热管测量段上空气平均物性常数的确定。

先算出测量段上空气的定性温度 $\bar{t}$（℃）为简化计算，取 $\bar{t}$ 值为空气进口温度 t_1（℃）及出口温度 t_2（℃）的平均值：

即

$$\bar{t} = \frac{t_1 + t_2}{2} = \frac{18 + 59.2}{2} = 38.6 \ (\text{℃})$$

据此查得，测量段上空气的平均密度：$\rho = 1.14 \ (\text{kg} \cdot \text{m}^{-3})$；

测量段上空气的平均比热：$c_p = 1005 \ (\text{J} \cdot \text{kg}^{-1} \cdot \text{℃}^{-1})$；

测量段上空气的平均导热系数：$\lambda = 0.0274 \ (\text{W} \cdot \text{m}^{-1} \cdot \text{℃}^{-1})$；

测量段上空气的平均黏度：$\mu = 0.0000191 \ (\text{Pa} \cdot \text{s})$；

传热管测量段上空气的平均普朗特数的 0.4 次方为：

$$Pr^{0.4} = 0.696^{0.4} = 0.865$$

孔板流量计体积流量 V_{t1}：

$$V_{t1} = c_0 A_0 \sqrt{\frac{2 \times \Delta p}{\rho_{t1}}}$$

$$= 0.65 \times 3.14 \times 0.017^2 \times 3600/4 \times \sqrt{\frac{2 \times 0.83 \times 1000}{1.14}}$$

$$= 19.96 \ (m^3 \cdot h^{-1})$$

传热管内平均体积流量 V_m：

$$V_m = V_{t1} \times \frac{273 + \bar{t}}{273 + t_1} = 19.96 \times \frac{273 + 38.6}{273 + 18} = 21.38 \ (m^3 \cdot h^{-1})$$

平均流速 u_m：$u_m = V_m/(F \times 3600) = 21.38/(0.0003142 \times 3600) = 18.91 \ (m \cdot s^{-1})$

冷热流体间的平均温度差 Δt_m（℃）的计算：测得 $t_w = 99.1$（℃）

$$\Delta t_m = t_w - \frac{t_1 + t_2}{2} = 99.1 - 38.6 = 60.5 \ (℃)$$

传热速率：

$$Q = \frac{(V \times \rho_{\bar{t}} \times Cp_{\bar{t}} \times \Delta t)}{3600} = \frac{21.38 \times 1.14 \times 1005 \times (59.2 - 18)}{3600} = 281 \ (W)$$

$$\alpha_i = Q/(\Delta t_m \times s_i) = 281/(60.5 \times 0.07539) = 62 \ (W \cdot m^{-2} \cdot ℃^{-1})$$

传热准数：

$$Nu = \alpha_i \times d_i / \lambda = 62 \times 0.0200 / 0.0274 = 45$$

测量段上空气的平均流速：$u = 18.91 \ (m \cdot s^{-1})$

雷诺数：$Re = d_i \times u \times \rho / \mu = 0.0200 \times 18.91 \times 1.14 / 0.0000190 = 2.23 \times 10^4$

以 $\frac{Nu}{Pr^{0.4}}$-Re 作图，回归得到准数关联式 $Nu_0 = ARe^m Pr^{0.4}$ 中的系数。

$$A = 0.0397, \ m = 0.7159$$

$$Nu_0 = 0.0397 Re^{0.7159} Pr^{0.4}$$

重复以上步骤，处理强化管的实验数据（可参考表 2-3）。作图回归得到准数关联式 $Nu = BRe^m Pr^{0.4}$ 中的系数。

$$Nu = 0.042 Re^{0.7603} Pr^{0.4}$$

表 2-2　实验数据记录及数据整理表（普通管换热器）

项目	1	2	3	4	5	6	7
空气流量压差/kPa	0.83	1.78	2.55	3.06	3.59	3.93	4.41
空气入口温度 t_1/℃	18	19.8	21.9	23.5	24.7	24.0	21.3
ρ_{t1}/(kg·m^{-3})	1.21	1.21	1.20	1.20	1.19	1.19	1.20
空气出口温度 t_2/℃	59.2	57	56.7	57	57	56.1	54.1
t_w/℃	99.1	99.0	99.0	99.0	99.0	99.0	98.9
t_m/℃	38.60	38.40	39.30	40.25	40.85	40.05	37.70
ρ_{tm}/(kg·m^{-3})	1.14	1.15	1.14	1.14	1.14	1.14	1.15
$\lambda_{tm}\times 10^2$/(W·m^{-1}·℃$^{-1}$)	2.74	2.73	2.74	2.75	2.75	2.75	2.73
c_{ptm}/(J·kg^{-1}·℃$^{-1}$)	1005	1006	1007	1008	1009	1010	1010
$\mu_{tm}\times 10^{-5}$/(Pa·s)	1.90	1.90	1.91	1.91	1.92	1.91	1.90
t_2-t_1/℃	41.20	37.20	34.80	33.50	32.30	32.10	32.80
Δt_m/℃	60.50	60.60	59.70	58.75	58.15	58.95	61.20
V_{t1}/(m^3·h^{-1})	19.96	29.31	35.19	38.63	41.91	43.81	46.23
V_{tm}/(m^3·h^{-1})	21.38	31.17	37.26	40.81	44.19	46.18	48.81
u/(m·s^{-1})	18.91	27.58	32.96	36.11	39.09	40.85	43.18
q_c/W	281	371	414	436	455	474	515
α_i/(W·m^{-2}·℃$^{-1}$)	62	81	92	98	104	107	112
Re	22726	33174	39463	43003	46409	48709	52140
Nu	45	59	67	72	75	78	82
$Nu/Pr^{0.4}$	52	69	78	83	87	90	95

表 2-3　实验数据记录及数据整理表（强化管换热器）

项目	1	2	3	4	5	6
空气流量压差/kPa	0.24	0.72	1.10	1.24	1.90	2.53
空气入口温度 t_1/℃	17.9	19.0	20.9	22.7	26.6	24.9
ρ_{t1}/(kg·m^{-3})	1.21	1.21	1.20	1.20	1.19	1.19
空气出口温度 t_2/℃	81.5	77.9	76.7	76.6	76.1	73.5
t_w/℃	98.4	99.0	99.1	99.0	99.1	99.1
t_m/℃	49.70	48.45	48.80	49.65	51.35	49.20
ρ_{tm}/(kg·m^{-3})	1.11	1.11	1.11	1.11	1.10	1.11
$\lambda_{tm} \times 10^2$/(W·m^{-1}·℃$^{-1}$)	2.82	2.81	2.81	2.82	2.83	2.82
$c_{p\,tm}$/(J·kg^{-1}·℃$^{-1}$)	1005	1006	1007	1008	1009	1010
$\mu_{tm} \times 10^{-5}$/(Pa·s)	1.96	1.95	1.95	1.96	1.96	1.95
$t_2 - t_1$/℃	63.60	58.90	55.80	53.90	49.50	48.60
Δt_m/℃	48.70	50.55	50.30	49.35	47.75	49.90
V_{t1}/(m^3·h^{-1})	10.73	18.62	23.08	24.56	30.58	35.20
V_{tm}/(m^3·h^{-1})	11.91	20.50	25.27	26.80	33.10	38.07
u/(m·s^{-1})	10.53	18.13	22.35	23.71	29.28	33.68
q_c/W	234	375	438	448	506	575
α_i/(W·m^{-2}·℃$^{-1}$)	64	98	115	120	140	153
Re	11919	20659	25417	26837	32839	38211
Nu	45	70	82	85	99	109
$Nu/Pr^{0.4}$	52	81	95	99	115	126

从图 2-5 中可以得到当 $Re=2\times10^4$ 时，强化管 $\dfrac{Nu}{Pr^{0.4}}=81$，普通管 $\dfrac{Nu_0}{Pr^{0.4}}=52$，

强化比 $$\dfrac{Nu}{Nu_0}=\dfrac{81}{52}=1.55$$

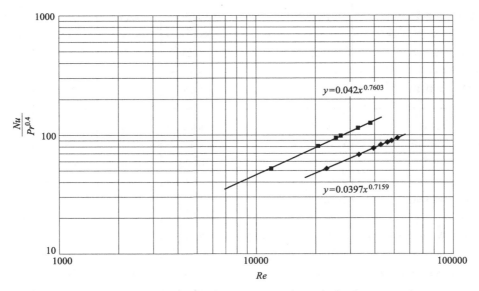

图 2-5　传热实验准数关联图

八、思考与讨论

（1）管内空气流动速度对传热系数有何影响？当空气速度增大时，空气离开热交换器时的温度将升高还是降低，为什么？

（2）如果采用不同压强的蒸汽进行实验，对 α 式的关联有无影响？

（3）强化传热的代价是什么？

（4）强化传热的效果一般如何评价？采用什么作为评价的指标？

（5）以空气为介质的传热实验，其雷诺数 Re 应如何计算？

（6）为什么要整理成 Nu-Re 准数方程，而不整理成 Nu 与流量关系？

（7）环隙间饱和蒸汽的压强产生变化，对管内空气传热系数的测量是否发生影响？

（8）空气速度和温度对传热系数有何影响？在不同的温度下是否会得出不同的传热系数的关联式？

第3章

质量传递实验

实验5 精馏塔的操作与塔效率测定实验

一、实验目的

(1) 了解板式精馏塔的结构和装置操作方法。
(2) 学习精馏塔性能参数的测量方法,并掌握其影响因素。

二、实验内容

(1) 测定精馏塔在全回流条件下,稳定操作后的全塔理论塔板数和总板效率。
(2) 测定精馏塔在部分回流条件下,稳定操作后的全塔理论塔板数和总板效率。

三、实验原理

对于二元物系,如已知其汽液平衡数据,则根据精馏塔的原料液组成、进料热状况、操作回流比及塔顶馏出液组成、塔底釜液组成可以求出该塔的理论板数 N_T。按照式(3-1)可以得到总板效率 E_T,其中 N_P 为实际塔板数。

$$E_T = \frac{N_T}{N_P} \times 100\% \tag{3-1}$$

部分回流时,进料热状况参数的计算式为

$$q = \frac{C_{p_m}(t_{BP} - t_F) + r_m}{r_m} \tag{3-2}$$

式中　t_F——进料温度，℃；
　　　t_{BP}——进料的泡点温度，℃；
　　　C_{p_m}——进料液体在平均温度 $(t_F+t_P)/2$ 下的比热容，kJ·kmol^{-1}·℃$^{-1}$；
　　　r_m——进料液体在其组成和泡点温度下的汽化潜热，kJ·kmol^{-1}。

$$C_{p_m}=C_{p_1}M_1x_1+C_{p_2}M_2x_2 \quad \text{kJ·kmol}^{-1}\cdot\text{℃}^{-1} \tag{3-3}$$

$$r_m=r_1M_1x_1+r_2M_2x_2 \quad \text{kJ·kmol}^{-1} \tag{3-4}$$

式中　C_{p_1}，C_{p_2}——分别为纯组分1和组分2在平均温度下的比热容，kJ·kg^{-1}·℃$^{-1}$；
　　　r_1，r_2——分别为纯组分1和组分2在泡点温度下的汽化潜热，kJ·kg^{-1}；
　　　M_1，M_2——分别为纯组分1和组分2的摩尔质量，kJ·kmol^{-1}；
　　　x_1，x_2——分别为纯组分1和组分2在进料中的摩尔分数。

四、实验装置基本情况

1. 实验设备流程

精馏实验装置由精馏塔（包括塔釜、塔体和塔顶冷凝器）、加料系统、产品储槽、回流系统及测量仪表所构成。其流程如图3-1所示。料液由储料罐1，经进料泵2，到高位槽8，经进料流量计7、直接进料阀5进入精馏塔中。蒸汽由蒸馏釜29，上升至精馏塔10塔体，上升过程中与回流液进行质量传递，再进入塔顶冷凝器13，一部分馏出液作为产品进入塔顶液回收罐16，另一部分回流至塔内。与此同时，蒸馏釜29内液体的一部分经塔釜冷凝器20，流入塔釜储料罐19。

2. 实验设备实物图（图3-2）

3. 实验设备主要技术参数

精馏塔实验装置结构参数，见表3-1。

表3-1　精馏塔实验装置结构参数

名称	直径/mm	高度/mm	板间距/mm	板数/块	板型、孔径/mm	材质
塔体	$\phi76\times3.5$	100	100	11	筛板2.0	不锈钢
塔釜	$\phi220\times2$	400				不锈钢
塔顶冷凝器	$\phi89\times3.5$	600				不锈钢
塔釜冷凝器	$\phi57\times3.5$	300				不锈钢

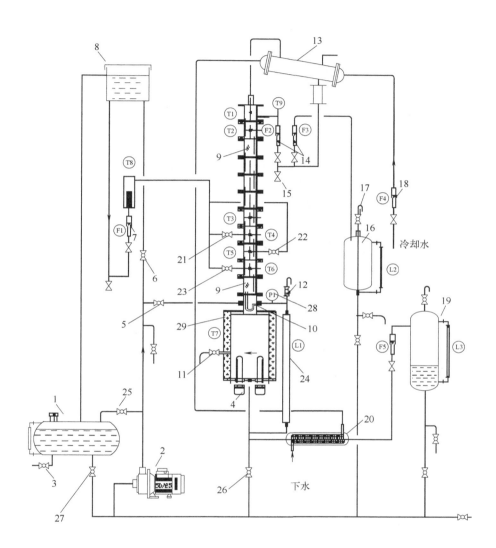

图 3-1 精馏实验装置流程图

1—储料罐；2—进料泵；3—放料阀；4—加热器；5—直接进料阀；6—间接进料阀；
7—进料流量计；8—高位槽；9—玻璃观察段；10—精馏塔；11—塔釜取样阀；
12—釜液放空阀；13—塔顶冷凝器；14—回流比流量计；15—塔顶取样阀；
16—塔顶液回收罐；17—放空阀；18—冷却水流量计；19—塔釜储料罐；
20—塔釜冷凝器；21—第 8 块板进料阀；22—第 9 块板进料阀；23—第 10 块板进料阀；24—液位计；25—料液循环阀；26—釜残液出料阀；
27—进料入口阀；28—指针压力表；29—蒸馏釜

图 3-2 精馏实验装置图

乙醇沸点：78.3℃，水沸点：100.0℃。

4. 实验仪器及试剂

（1）实验物系：乙醇-水；

（2）实验物系纯度要求：化学纯或分析纯；

（3）实验物系平衡关系见表 3-2；

表 3-2 乙醇-水 t-x-y 关系（以乙醇摩尔分数表示，x-液相，y-气相）

液相摩尔分数 x	气相摩尔分数 y	t/℃
0.000	0.000	100
0.050	0.310	90.6
0.100	0.430	86.4
0.200	0.520	83.2
0.300	0.575	81.7
0.400	0.614	80.7

续表

液相摩尔分数 x	气相摩尔分数 y	$t/℃$
0.500	0.657	79.9
0.600	0.698	79.1
0.700	0.755	78.7
0.800	0.820	78.4
0.894	0.894	78.2
0.950	0.942	78.3
1.000	1.000	78.3

（4）实验物系浓度要求：乙醇15%～25%（质量分数），浓度分析使用酒精计，酒精计为体积分数，通过查《酒精体积分数、质量分数、密度对照表》可得酒精的质量分数 W，通过质量分数求出摩尔分数（X_A），公式如下：

$$X_A = \frac{(W_A/M_A)}{(W_A/M_A)+(1-W_A)/M_B} \tag{3-5}$$

式中　W_A——乙醇质量分数；

M_A——乙醇的摩尔质量，46g·mol^{-1}；

M_B——水的摩尔质量，18g·mol^{-1}。

5. 实验设备面板图（图3-3）

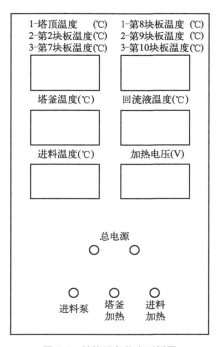

图3-3　精馏设备仪表面板图

五、实验方法及步骤

1. 实验前检查准备工作

配制一定浓度（质量浓度：20%）的乙醇-水混合液（总容量25L），倒入储料罐中。打开进料入口阀27，其余阀门关闭，启动进料泵2，打开料液循环阀25，使料液混合均匀，混合均匀后将料液循环阀25打至半开，将直接进料阀全开，釜液放空阀12全开，进行进料，一般在塔釜总高2/3处；然后关闭进料入口阀27和进料泵2。

2. 实验操作

（1）全回流操作

① 打开塔顶冷凝器进水阀门，保证冷却水足量（保证进水流量达到160L·h^{-1}即可）。

② 记录室温。接通总电源开关（220V）。

③ 调节加热电压约为150V，待塔板上建立液层后再适当加大电压至170V，使塔内维持正常操作。

④ 当各块塔板上鼓泡均匀后，保持加热釜电压不变，在全回流情况下稳定20min左右。期间要随时观察塔内传质情况直至操作稳定。然后分别在塔顶、塔釜取样口用100mL量筒同时取样，通过酒精计分析样品浓度。

（2）部分回流操作

① 打开间接进料阀门和进料泵，调节转子流量计，以3.0～4.0L·h^{-1}的流量向塔内加料，打开进料加热开关，调节到合适的进料温度，用回流比流量计调节回流比为$R=3$，馏出液收集在塔顶液回收罐中。

② 塔釜产品经冷却后由溢流管流出，收集在容器内。

③ 待操作稳定后，观察塔板上传质状况，记下加热电压、塔顶温度、塔釜压力等有关数据，整个操作过程中维持进料流量计读数不变，分别在塔顶、塔釜和进料三处取样，用酒精计测定其浓度并记录下进塔原料液的温度。

（3）实验结束

① 取好实验数据并检查无误后可停止实验，此时关闭进料阀门和加热开关，关闭回流比流量计阀门。

② 停止加热后10min再关闭冷却水，一切复原。

③ 根据物系的t-x-y关系，确定部分回流条件下进料的泡点温度，并进行数据处理。

六、实验注意事项

（1）由于实验所用物系属易燃物品，所以实验中要特别注意安全，操作过程中避免泄漏以免发生危险。

（2）本实验设备加热功率由仪表自动调节，注意控制加热速率，升温要缓慢，以免发生暴沸（过冷沸腾）使釜液从塔顶冲出。若出现此现象应立即断电，重新操作。升温和正常操作过程中釜的电功率不能过大。

（3）开车时要先接通冷却水再向塔釜供热，停车时则反之。

（4）检测浓度使用酒精计，使用方法见说明书。

（5）为便于对全回流实验和部分回流实验的实验结果（塔顶产品质量）进行比较，应尽量使两组实验的加热电压及所用料液浓度相同或相近。连续实验时，应将前一次实验时留存在塔釜、塔顶、塔底产品接收器内的料液倒回原料液储罐中循环使用。

七、实验数据处理和分析

实验数据处理结果，如表 3-3 所示。

表 3-3　精馏实验原始数据

实际塔板数：11；实验物系：乙醇-水

数据类型	全回流：$R \to \infty$，塔釜压力=1.3kPa		部分回流：$R=3$；进料量=4L·h^{-1}，进料温度：34.1℃		
	塔顶组成	塔釜组成	塔顶组成	塔釜组成	进料组成
体积分数/%	91.6	21.2	92.2	22.7	22.5
质量分数/%	87.8	17.2	88.6	18.4	18.3
摩尔分数/%	73.8	7.5	75.3	8.1	8.1

1. 计算乙醇的质量分数 W_A 及摩尔分数 X_A

通过查询《酒精体积分数、质量分数、密度对照表》，将乙醇的体积分数转化为质量分数，再由公式 $X_A = \dfrac{(W_A/M_A)}{(W_A/M_A)+(1-W_A)/M_B}$ 计算其摩尔分数。其中，乙醇的摩尔质量为 $M_A=46\text{g}\cdot\text{mol}^{-1}$，水的摩尔质量为 $M_B=18\text{g}\cdot\text{mol}^{-1}$。相关数据记录于表 3-3。

2. 全回流状态

根据乙醇-水的 t-x-y 关系可以绘制出汽液平衡线。在全回流情况下，回流比趋于无穷大（$R \to \infty$），这时精馏段与提馏段操作线方程均与对角线（$y=x$）重合，根据表 3-2 数据作出气液平衡线，根据表 3-3 数据得出 $X_D=0.738$，$X_W=0.075$，作图如图 3-4 所示。

由图 3-4 可得，全回流状态下的理论塔板数为 $N_T=4$，而实际塔板数 $N_P=11$，因此总板效率（全塔效率）为：

$$E_T = \frac{N_T}{N_P} \times 100\% = \frac{4}{11} \times 100\% = 36.4\%$$

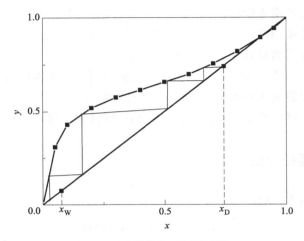

图 3-4　全回流状态下图解塔板数

3. 部分回流状态

由表 3-3 可知数据：$X_D=0.753$，$X_W=0.081$，$X_F=0.081$，回流比 $R=3$，则有精馏段操作线方程：

$$y_{n+1}=\frac{R}{R+1}x_n+\frac{x_D}{R+1}=0.75x_n+0.1882$$

进料线方程为：
$$y=\frac{q}{q-1}x-\frac{x_F}{q-1} \tag{3-6}$$

其中
$$q=\frac{C_{p_m}(t_{BP}-t_F)+r_m}{r_m}$$

$$C_{p_m}=C_{p_1}M_1x_1+C_{p_2}M_2x_2$$

$$r_m=r_1M_1x_1+r_2M_2x_2$$

$x_F=0.081$，由乙醇-水体系的 t-x 关系图（图 3-5）可得 $t_{BP}=88.0℃$；

$t_m=(t_F+t_{BP})/2=(34.1+88.0)/2=61.05℃$；

查表可得，该平均温度下，乙醇的比热容：$c_{p_1}=2.76\text{kJ}\cdot\text{kg}^{-1}\cdot℃^{-1}$，水的比热容：$c_{p_2}=4.1809\text{kJ}\cdot\text{kg}^{-1}\cdot℃^{-1}$，该泡点温度下乙醇的汽化潜热：$r_1=815.79\text{kJ}\cdot\text{kg}^{-1}$；水的汽化潜热：$r_2=2282.8\text{kJ}\cdot\text{kg}^{-1}$。

则 $C_{p_m}=c_{p_1}M_1x_1+c_{p_2}M_2x_2=2.76\times46\times0.081+4.1809\times18\times(1-0.081)=79.44(\text{kJ}\cdot\text{kmol}^{-1}\cdot℃^{-1})$

$$r_m=r_1M_1x_1+r_2M_2x_2=815.79\times46\times0.081+2282.8$$
$$\times18\times(1-0.081)=40802(\text{kJ}\cdot\text{kmol}^{-1})$$

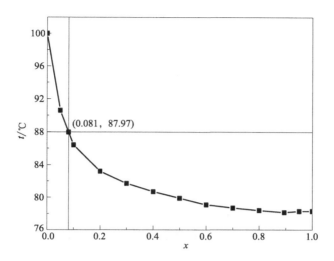

图 3-5 乙醇-水体系的 t-x 关系图

$$q = \frac{C_{pm}(t_{BP} - t_F) + r_m}{r_m} = \frac{79.44 \times (88.0 - 24.1) + 40802}{40802} = 1.12$$

故进料线方程为：$y = \dfrac{q}{q-1}x - \dfrac{x_F}{q-1} = 9.33x - 0.675$

根据精馏段操作线方程：$y_{n+1} = \dfrac{R}{R+1}x_n + \dfrac{x_D}{R+1} = 0.75x_n + 0.1882$

进料线方程：$y = \dfrac{q}{q-1}x - \dfrac{x_F}{q-1} = 9.33x - 0.675$

作图如图 3-6 所示。

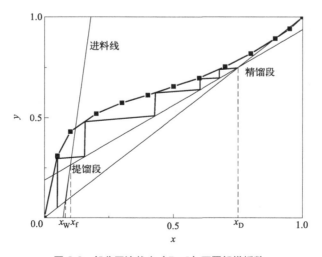

图 3-6 部分回流状态（R=3）下图解塔板数

由图 3-6 可得，部分回流状态下的理论塔板数为 $N_T=5$，而实际塔板数 $N_P=11$，因此计算总板效率（全塔效率）为：

$$E_T = \frac{N_T}{N_P} \times 100\% = \frac{5}{11} \times 100\% = 45.4\%$$

八、思考与讨论

1. 将精馏塔加高，能否得到无水酒精？（注：实验室中无水乙醇纯度 99.5%）。
2. 为何无法蒸馏出 99.9% 的酒精（无水乙醇）？工业生产上如何获得无水乙醇？

实验 6 填料吸收塔实验

一、实验目的

（1）了解填料吸收塔的结构、性能和特点，练习并掌握填料塔操作方法；通过实验测定数据的处理分析，加深对填料塔流体力学性能基本理论的理解，加深对填料塔传质性能理论的理解。

（2）掌握填料吸收塔传质能力和传质效率的测定方法，练习实验数据的处理分析。

二、实验内容

（1）测定填料层压降与操作气速的关系，确定在一定液体喷淋量下的液泛气速。

（2）固定液相流量和入塔混合气二氧化碳的浓度，在液泛速度以下，取两个相差较大的气相流量，分别测量塔的传质能力（传质单元数和回收率）和传质效率（传质单元高度和体积吸收总系数）。

（3）进行纯水吸收混合气体中的二氧化碳、用空气解吸水中二氧化碳的操作练习，同时测定填料塔液侧传质膜系数和总传质系数。

三、实验原理

气体通过填料层的压降：压降是塔设计中的重要参数，气体通过填料层压降的大小决定了塔的动力消耗。压降与气、液流量均有关，不同液体喷淋量下填料层 Z 的压降 Δp 与气速 u 的关系如图 3-7 所示。

当液体喷淋量 $L_0=0$ 时，干填料的 $\frac{\Delta p}{Z}$-u 的关系是直线，如图 3-7 中的直线 0。当有

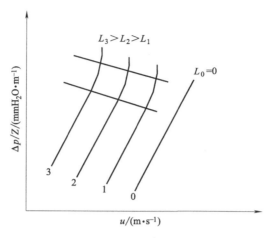

图3-7 填料层的$\frac{\Delta p}{Z}$-u关系

一定的喷淋量时，$\frac{\Delta p}{Z}$-u的关系变成折线，并存在两个转折点，下转折点称为载点，上转折点称为泛点。这两个转折点将$\frac{\Delta p}{Z}$-u关系分为三个区段：即恒持液量区、载液区及液泛区。

传质性能：吸收系数是决定吸收过程速率高低的重要参数，实验测定可获取吸收系数。对于相同的物系及一定的设备（填料类型与尺寸），吸收系数随着操作条件及气液接触状况的不同而变化。

根据双膜模型的基本假设，气侧和液侧的吸收质 A 的传质速率方程可分别表达为：

气膜

$$G_A = k_G A (p_A - p_{Ai}) \tag{3-7}$$

液膜

$$G_A = k_L A (c_{Ai} - c_A) \tag{3-8}$$

式中 G_A——A 组分的传质速率，$kmol \cdot s^{-1}$；

A——两相接触面积，m^2；

p_A——气侧 A 组分的平均分压，Pa；

p_{Ai}——相界面上 A 组分的平均分压，Pa；

c_A——液侧 A 组分的平均浓度，$kmol \cdot m^{-3}$；

c_{Ai}——相界面上 A 组分的浓度，$kmol \cdot m^{-3}$；

k_G——以分压表达推动力的气侧传质膜系数，$kmol \cdot m^{-2} \cdot s^{-1} \cdot Pa^{-1}$；

k_L——以物质的量浓度表达推动力的液侧传质膜系数，$m \cdot s^{-1}$。

以气相分压或以液相浓度表示传质过程推动力的相际传质速率方程又可表达为：

$$G_A = K_G A(p_A - p_A^*) \tag{3-9}$$

$$G_A = K_L A(c_A^* - c_A) \tag{3-10}$$

式中　p_A^*——液相中 A 组分的实际浓度所要求的气相平衡分压，Pa；

c_A^*——气相中 A 组分的实际分压所要求的液相平衡浓度，$kmol \cdot m^{-3}$；

K_G——以气相分压表示推动力的总传质系数或简称为气相传质总系数，$kmol \cdot m^{-2} \cdot s^{-1} \cdot Pa^{-1}$；

K_L——以气相分压表示推动力的总传质系数，或简称为液相传质总系数，$m \cdot s^{-1}$。

若气液相平衡关系遵循亨利定律：$c_A = H p_A$，则：

$$\frac{1}{K_G} = \frac{1}{k_G} + \frac{1}{HK_L} \tag{3-11}$$

$$\frac{1}{K_L} = \frac{H}{k_G} + \frac{1}{k_L} \tag{3-12}$$

20 世纪 20 年代，为了解决多相传质问题，路易斯-惠特曼（Lewis-Whitman）将固体溶解理论引入传质过程，提出了双膜模型，其要点如下。两相间有物质传递时，相界面两侧各有一层极薄的静止膜，传递阻力都集中在这里。这实际上是继承了"层流膜"模型的观点。例如，气液界面相间的传质，如图 3-8 所示。物质通过双膜的传递过程为稳态过程，没有物质的积累。

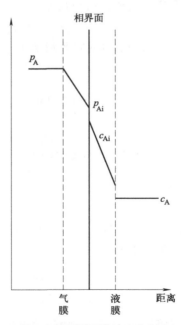

图 3-8 双膜模型的浓度分布图

当气膜阻力远大于液膜阻力时,则相际传质过程受气膜传质速率控制,此时,$K_G = k_G$;反之,当液膜阻力远大于气膜阻力时,则相际传质过程受液膜传质速率控制,此时,$K_L = k_L$。

如图 3-9 所示,在逆流接触的填料层内,任意截取一微分段,并以此为衡算系统,则由吸收质 A 的物料衡算可得:

$$dG_A = \frac{F_L}{\rho_L} dc_A \tag{3-13}$$

式中 F_L——液相摩尔流率,$kmol \cdot s^{-1}$;

ρ_L——液相摩尔密度,$kmol \cdot m^{-3}$。

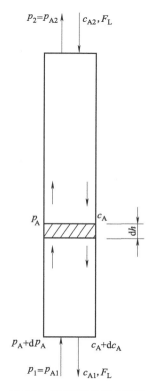

图 3-9 填料塔的物料衡算图

根据传质速率基本方程式,可写出该微分段的传质速率微分方程:

$$dG_A = K_L(c_A^* - c_A) a S dh$$

联立上两式可得:

$$dh = \frac{F_L}{K_L a S \rho_L} \cdot \frac{dc_A}{c_A^* - c_A} \tag{3-14}$$

式中 a——气液两相接触的比表面积,$m^2 \cdot m^{-1}$;

S——填料塔的横截面积,m^2。

本实验采用水吸收混合气体中的二氧化碳,且已知二氧化碳在常温常压下溶解度较小,因此,液相摩尔流率F_L和摩尔密度ρ_L的比值,亦即液相体积流率$(V_s)_L$可视为定值,且设总传质系数K_L和两相接触比表面积a,在整个填料层内为一定值,则按下列边值条件积分式(3-15),可得填料层高度的计算公式:

$$h=0; c_A=c_{A2}; h=h; c_A=c_{A1}$$

$$h=\frac{(V_s)_L}{K_L aS} \cdot \int_{c_{A2}}^{c_{A1}} \frac{dc_A}{c_A^* - c_A} \tag{3-15}$$

令 $H_L=\dfrac{(V_s)_L}{K_L aS}$,且称 H_L 为液相传质单元高度(HTU);

$N_L=\int_{c_{A2}}^{c_{A1}} \dfrac{dc_A}{c_A^* - c_A}$,且称 N_L 为液相传质单元数(NTU)。

因此,填料层高度为传质单元高度与传质单元数之乘积,即:

$$h=H_L \times N_L \tag{3-16}$$

若气液平衡关系遵循亨利定律,即平衡曲线为直线,则式(3-15)为可用解析法解得填料层高度的计算式,亦即可采用下列平均推动力法计算填料层的高度或液相传质单元高度:

$$h=\frac{(V_s)_L}{K_L aS} \cdot \frac{c_{A1}-c_{A2}}{\Delta c_{Am}}$$

$$N_L=\frac{h}{H_L}=\frac{h}{\dfrac{(V_s)_L}{K_L aS}}$$

式中,Δc_{Am} 为液相平均推动力,即

$$\Delta c_{Am}=\frac{\Delta c_{A1}-\Delta c_{A2}}{\ln \dfrac{\Delta c_{A1}}{\Delta c_{A2}}}=\frac{(c_{A1}^*-c_{A1})-(c_{A2}^*-c_{A2})}{\ln \dfrac{c_{A1}^*-c_{A1}}{c_{A2}^*-c_{A2}}} \tag{3-17}$$

其中:$c_{A1}^*=H p_{A1}=H y_1 p_0$,$c_{A2}^*=H p_{A2}=H y_2 p_0$,$p_0$ 为大气压。

二氧化碳的溶解度常数:

$$H=\frac{\rho_w}{M_w} \cdot \frac{1}{E} \quad (kmol \cdot m^{-3} \cdot Pa^{-1}) \tag{3-18}$$

式中 ρ_w——水的密度,$kg \cdot m^{-3}$;

M_w——水的摩尔质量,$kg \cdot kmol^{-1}$;

E——二氧化碳在水中的亨利系数(见表3-4),Pa。

因本实验采用的物系不仅遵循亨利定律,而且气膜阻力可以不计,在此情况下,整个传质过程阻力都集中于液膜,即属液膜控制过程,则液侧体积传质膜系数等于液相体积传质总系数,亦即:

$$k_L a = K_L a = \frac{(V_s)_L}{hS} \cdot \frac{c_{A1} - c_{A2}}{\Delta c_{Am}} \qquad (3-19)$$

四、实验装置

1. CO_2 吸收实验装置流程

如图 3-10 所示,填料吸实验装置由吸收系统、解吸系统以及测量仪表所构成。吸收系统:液体从水槽 2,经解吸液水泵 5,到转子流量计 F3,从塔顶进入吸收塔,从塔底回到水槽 1。气体由吸收气泵 3 经转子流量计 F1 和钢瓶 1,经减压阀 2,经转子流量计 F2,混合后从塔底进入吸收塔,上升至塔体,上升过程中与液体进行质量传递,再从塔顶排出。解吸系统:液体从水槽 1,经吸收液水泵 4,到转子流量计 F5,从塔顶进入解吸塔,从塔底回到水槽 2。气体由解吸风机 6,经空气旁通阀 7,到转子流量计 F4,从塔底进入解吸塔,上升至塔体,上升过程中与液体进行质量传递,再从塔顶排出。

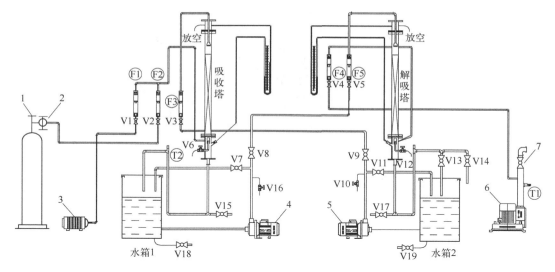

图 3-10 CO_2 吸收实验装置流程图

1—CO_2 钢瓶;2—CO_2 瓶减压阀;3—吸收气泵;4—吸收液水泵;5—解吸液水泵;6—解吸风机;
7—空气旁通阀;V1~V19—阀门;F1~F5—转子流量计;T1~T2—温度计

2. 实验装置主要技术参数

(1) 填料塔:玻璃管内径 $D=0.05m$;塔高 $h=1.20m$;填料层高度 $Z=0.93m$ 内装 $\phi 10 \times 10mm$ 陶瓷拉西环;风机型号:XGB-12;

(2) 二氧化碳钢瓶 1 个(用户自备);减压阀 1 个(用户自备)。

(3) 流量测量仪表:

① 转子流量计型号 LZB-6;流量范围 $0.06 \sim 0.60 m^3 \cdot h^{-1}$;

② 空气转子流量计:型号 LZB-10;流量范围 $0.25 \sim 2.5 m^3 \cdot h^{-1}$;

③ 水转子流量计:型号 LZB-10;流量范围 $16 \sim 160 L \cdot h^{-1}$;

(4) 浓度测量：吸收塔塔底液体浓度分析准备定量化学分析仪器（用户自备）；

(5) 温度测量：Pt100 铂电阻，用于测定气相、液相温度。

3. 实验设备实物图（图 3-11）

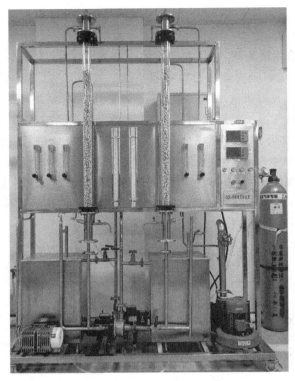

图 3-11　CO_2 吸收实验装置图

4. 实验装置面板图（图 3-12）

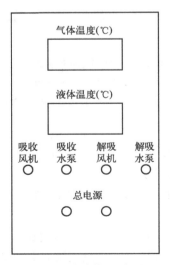

图 3-12　实验装置面板图

五、实验方法及步骤

1. 实验前准备工作

首先将水箱 1 和水箱 2 灌满蒸馏水或去离子水，接通实验装置电源并按下总电源开关。

准备好 10mL 移液管、100mL 的三角瓶、酸式滴定管、洗耳球、$0.1\text{mol} \cdot \text{L}^{-1}$ 的盐酸标准溶液、$0.1\text{mol} \cdot \text{L}^{-1}$ 的 $Ba(OH)_2$ 标准溶液和甲基红等化学分析仪器和试剂备用。

2. 测量解吸塔干填料层 $\left(\dfrac{\Delta p}{Z}\right)$-$u$ 关系曲线

打开空气旁路调节阀 V7 至全开，启动解吸风机 6。打开空气流量计 F4 下的阀门 V4，逐渐关小阀门 V7 的开度，调节进塔的空气流量。稳定后读取填料层压降 Δp 即 U 形管液柱压差计的数值，然后改变空气流量，空气流量从小到大共测定 6~10 组数据。在对实验数据进行分析处理后，在对数坐标纸上以空塔气速 u 为横坐标，单位高度的压降 $\dfrac{\Delta p}{Z}$ 为纵坐标，标绘填料层 $\left(\dfrac{\Delta p}{Z}\right)$-$u$ 关系曲线。

3. 测量解吸塔在不同喷淋量下填料层 $\left(\dfrac{\Delta p}{Z}\right)$-$u$ 关系曲线

将水流量固定在 $100\text{L} \cdot \text{h}^{-1}$ 左右（水流量大小可因设备调整），采用与上面相同步骤调节空气流量，稳定后分别读取并记录填料层压降 Δp、转子流量计读数和流量计处所显示的空气温度，操作中随时注意观察塔内现象，一旦出现液泛，立即记下对应空气转子流量计读数。根据实验数据在对数坐标纸上标出液体喷淋量为 $100\text{L} \cdot \text{h}^{-1}$ 时的 $\left(\dfrac{\Delta p}{Z}\right)$-$u$ 关系曲线，并在图上确定液泛气速，与观察到的液泛气速相比较是否吻合。调节水流量，重复以上操作，进一步获得液体喷淋量为 $120\text{L} \cdot \text{h}^{-1}$，$80\text{L} \cdot \text{h}^{-1}$ 的 $(\Delta R/z)$-u 的关系曲线（见图 3-7）。

4. 二氧化碳吸收传质系数测定

（1）关闭吸收液泵 4 的出口阀，启动吸收液泵 4，关闭空气转子流量计 F1，二氧化碳转子流量计 F2 与钢瓶连接。

（2）打开吸收液转子流量计 F3，调节到 $80\text{L} \cdot \text{h}^{-1}$，待有水从吸收塔顶喷淋而下，从吸收塔底的 π 形管尾部流出后，启动吸收气泵 3，调节转子流量计 F1 到指定流量，同时打开 CO_2 钢瓶调节减压阀，调节 CO_2 转子流量计 F2 至 $0.2\text{m}^3 \cdot \text{h}^{-1}$，按 CO_2 与空气的比例在 10%~20% 计算出 CO_2 的空气流量。

（3）吸收进行 15min 且操作达到稳定状态之后，测量塔底吸收液的温度，同时在塔顶和塔底取液相样品并测定吸收塔顶、塔底溶液中 CO_2 的含量。

（4）溶液 CO_2 含量测定

用移液管吸取 $0.1\text{mol} \cdot \text{L}^{-1}$ 的 $Ba(OH)_2$ 标准溶液 10mL，放入三角瓶中，并从取样口处接收塔底溶液 10mL，用胶塞塞好振荡。溶液中加入 2~3 滴甲基红（或酚酞）指示剂摇匀，用 0.1mol·L^{-1} 的盐酸标准溶液滴定到粉红色消失即为终点。

按下式计算得出溶液中 CO_2 浓度：

$$c_{CO_2} = \frac{2c_{Ba(OH)_2}V_{Ba(OH)_2} - c_{HCl}V_{HCl}}{2V_{溶液}} \quad (mol·L^{-1}) \tag{3-20}$$

式中 c_{CO_2} ——溶液中 CO_2 的浓度，mol·L^{-1}；

$c_{Ba(OH)_2}$ ——Ba(OH)$_2$ 标准溶液的浓度，mol·L^{-1}；

c_{HCl} ——HCl 标准溶液的浓度，mol·L^{-1}；

$V_{Ba(OH)_2}$ ——Ba(OH)$_2$ 标准溶液的体积，L；

V_{HCl} ——HCl 标准溶液的体积，L；

$V_{溶液}$ ——溶液体积，L。

六、实验注意事项

(1) 开启 CO_2 总阀门前，要先关闭减压阀，阀门开度不宜过大。

(2) 分析 CO_2 浓度操作时动作要迅速，以免 CO_2 从液体中溢出导致结果不准确。

七、实验数据记录及处理（仅供参考以实际数据为准）

实验数据计算及结果（以表 3-5 所取得数据的第 1 组数据为例）：

1. 填料塔流体力学性能测定（以解吸填料塔干填料数据为例）

转子流量计读数 0.5m^3·h^{-1}；填料层压降 U 形管读数 1mmH$_2$O；

空塔气速：$u = \dfrac{V}{3600 \times \dfrac{\pi}{4}D^2} = \underline{0.07}$ （m·s^{-1}）；

单位填料层压降 $\dfrac{\Delta p}{Z} = \dfrac{1}{0.93} = 1.1$ (mmH$_2$O·m^{-1})；

在对数坐标纸上以空塔气速 u 为横坐标，$\dfrac{\Delta p}{Z}$ 为纵坐标作图，标绘 $\dfrac{\Delta p}{Z}$-u 关系曲线（见图 3-7）。

2. 传质实验（以吸收塔的传质实验为例）

液体流量 $L = 80$L·h^{-1}

(1) y_1、Y_1 的计算

CO_2 转子流量计读数 $V_{CO_2} = 0.2$m^3·h^{-1}

CO_2 实际流量 $V_{CO_2实} = \sqrt{\dfrac{1.204}{1.976}} \times 0.2 = 0.156$ (m^3·h^{-1})

空气转子流量计读数 $V_{air} = \underline{\qquad}$ m^3·h^{-1}

$$y_1 = \frac{V_{CO_2实}}{V_{CO_2} + V_{air}} = \underline{\qquad}$$

$$Y_1 = \frac{V_{CO_2实}}{V_{air}} = \underline{\qquad}$$

(2) c_{A1} 的计算

塔顶吸收液空白分析 $c_{Ba(OH)_2} = 0.0972\,mol \cdot L^{-1}$、$V_{Ba(OH)_2} = 10\,mL$、

$$c_{HCl} = 0.1056\,mol \cdot L^{-1}, V_{HCl} = 16.8\,mL$$

$$c_{空白} = \frac{2c_{Ba(OH)_2}V_{Ba(OH)_2} - c_{HCl}V_{HCl}}{2V_{溶液}}$$

塔底吸收液分析 $V_{HCl} = \underline{\qquad}$ mL

$$c_1 = \underline{\qquad} (kmol \cdot m^{-3})$$

$$c_{A1} = c_1 - c_{空白} = \underline{\qquad}\, kmol \cdot m^{-3}$$

(3) y_2、Y_2 的计算

$$L \times (c_{A1} - c_{A2}) = V_{air} \times (y_1 - y_2)$$

$$y_2 = y_1 - \frac{L \times (c_{A1} - c_{A2})}{V_{air}}$$

$$Y_2 = \frac{y_2}{1 - y_2} = \underline{\qquad}$$

(4) c_{A2} 的计算

吸收液中 CO_2 在水中的含量极低,忽略不计,$c_{A2} \approx 0$。

(5) c_{A1}^*、c_{A2}^* 的计算

塔底液温度 $t = 10.2\,℃$,查得 CO_2 亨利系数:$E = 1.05 \times 10^8\,Pa$

则 CO_2 的溶解度常数为:$H = \frac{\rho_w}{M_w} \times \frac{1}{E} = \frac{1000}{18} \times \frac{1}{1.05 \times 10^7}$

$$= 5.29 \times 10^{-7}\,(mol \cdot L^{-1} \cdot Pa^{-1})$$

塔顶和塔底的平衡浓度为:

$$c_{A1}^* = Hp_{A1} = Hy_1p_0 = 5.29 \times 10^{-7} \times 0.09 \times 101325 = 0.005(mol \cdot L^{-1})$$

$$c_{A2}^* = Hp_{A2} = Hy_2p_0 = 5.29 \times 10^{-7} \times 0.08 \times 101325 = 0.004(mol \cdot L^{-1})$$

$$\Delta c_{A1} = c_{A1}^* - c_{A1} = 0.005 - 0.00475 = 0.00025(kmol \cdot m^{-3})$$

$$\Delta c_{A2} = c_{A2}^* - c_{A2} = 0.004 - 0 = 0.004(kmol \cdot m^{-3})$$

$$\Delta c_{Am} = \frac{\Delta c_{A1} - \Delta c_{A2}}{\ln\frac{\Delta c_{A1}}{\Delta c_{A2}}} = \frac{(c_{A1}^* - c_{A1}) - (c_{A2}^* - c_{A2})}{\ln\frac{c_{A1}^* - c_{A1}}{c_{A2}^* - c_{A2}}}$$

液相平均推动力为:

Δc_{Am} 的计算

$$\Delta c_{Am} = \frac{\Delta c_{A1} - \Delta c_{A2}}{\ln \frac{\Delta c_{A1}}{\Delta c_{A2}}} = \frac{0.00025 - 0.004}{\ln \frac{0.00025}{0.004}} = 0.0014 (\text{kmol} \cdot \text{m}^{-3})$$

因本实验采用的物系不仅遵循亨利定律，而且气膜阻力可以不计，在此情况下，整个传质过程阻力都集中于液膜，属液膜控制过程，则液侧体积传质膜系数等于液相体积传质总系数，即：

$$k_L a = K_L a = \frac{(V_s)_L}{hS} \cdot \frac{c_{A1} - c_{A2}}{\Delta c_{Am}}$$

$$= \frac{\frac{60 \times 10^{-3}}{3600}}{1.05 \times 3.14 \times \frac{0.05^2}{4}} \times \frac{0.00475 - 0}{0.0014} = 0.0382 (\text{m} \cdot \text{s}^{-1})$$

吸收率：$\phi = (1 - y_2/y_1) \times 100\%$

实验数据列表如下：CO_2 在水中的亨利系数（见表3-4）；干填料时 $\Delta p/Z\text{-}u$ 关系测定（见表3-5）；湿填料时 $\Delta p/Z\text{-}u$ 关系测定（见表3-6）；填料吸收塔传质系数测定（见表3-7）；$\Delta p/Z\text{-}u$ 关系曲线见图3-13。

表3-4　二氧化碳在水中的亨利系数 E　　　　单位：10^5 kPa

气体	温度/℃											
	0	5	10	15	20	25	30	35	40	45	50	60
CO_2	0.738	0.888	1.05	1.24	1.44	1.66	1.88	2.12	2.36	2.60	2.87	3.46

表3-5　填料塔流体力学性能测定（干填料）

$L=0$；填料层高度 $z=0.93$m；塔径 $D=0.05$m

序号	填料层压强降 /mmH$_2$O	单位高度填料层压强降 /(mmH$_2$O·m^{-1})	空气转子流量计读数 /(m^3·h^{-1})	空塔气速 /(m·s^{-1})
1	1	1.1	0.25	0.04
2				
3				
4				
5				

续表

序号	填料层压强降 /mmH$_2$O	单位高度填料层压强降 /(mmH$_2$O·m^{-1})	空气转子流量计读数 /(m^3·h^{-1})	空塔气速 /(m·s^{-1})
6				
7				
8				
9				
10				

表 3-6 填料塔流体力学性能测定（湿填料）

$L=120、100、80 L·h^{-1}$

$L=100 L·h^{-1}$；填料层高度 $Z=0.93m$；塔径 $D=0.05m$

序号	填料层压强降 /mmH$_2$O	单位高度填料层压强降 /(mmH$_2$O·m^{-1})	空气转子流量计读数 /(m^3·h^{-1})	空塔气速 /(m·s^{-1})	操作现象
1					
2					
3					
4					
5					
6					
7					
8					
9					

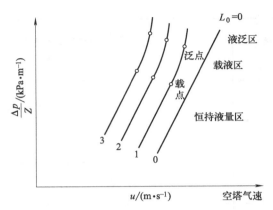

图 3-13 实验装置 $\Delta p/Z$-u 关系曲线图

表 3-7 二氧化碳吸收传质系数测定

被吸收的气体:混合气体中 CO_2;吸收剂:水;塔内径:50mm

序号	名称	实验数据
1	填料种类	陶瓷拉西环
2	填料层高度/m	
3	CO_2 转子流量计读数/($m^3 \cdot h^{-1}$)	
4	CO_2 转子流量计处温度/℃	
5	流量计处 CO_2 的体积流量/($m^3 \cdot h^{-1}$)	
6	空气转子流量计读数/($m^3 \cdot h^{-1}$)	
7	水转子流量计读数/($L \cdot h^{-1}$)	
8	中和 CO_2 用 $Ba(OH)_2$ 的浓度 c/($mol \cdot L^{-1}$)	
9	中和 CO_2 用 $Ba(OH)_2$ 的体积/mL	
10	滴定用盐酸的浓度 c/($mol \cdot L^{-1}$)	
11	滴定塔底吸收液用盐酸的体积/mL	
12	滴定空白液用盐酸的体积/mL	
13	样品的体积/mL	
14	塔底液相的温度/℃	
15	亨利常数 $E/10^8$Pa	
16	塔底液相浓度 c_{A1}/($kmol \cdot m^{-3}$)	

续表

序号	名称	实验数据
17	空白液相浓度 c_{A2}/(kmol·m^{-3})	
18	CO_2 溶解度常数 H/(10^7 kmol·m^{-3}·Pa^{-1})	
19	Y_1	
20	y_1	
21	平衡浓度 c_{A1}^*/(kmol·m^{-3})	
22	Y_2	
23	y_2	
24	平衡浓度 c_{A2}^*/(kmol·m^{-3})	
25	$c_{A1}^* - c_{A1}$	
26	$c_{A2}^* - c_{A2}$	
27	平均推动力 Δc_{Am}/(kmol·m^{-3})	
28	液相体积传质系数 K_{Xa}/(m·s^{-1})	
29	吸收率/%	

八、思考与讨论

1. 为何选用 80 L·h^{-1} 的水流量进行实验？
2. 为什么 CO_2 含量为 10%～20%？
3. 为何 $\left(\dfrac{\Delta p}{Z}\right)$-$u$ 关系曲线图中的泛点与载点的连线呈现为左手剪刀状？

实验 7　流化床干燥实验

一、实验目的

（1）了解湿物料连续流化干燥的流程，掌握湿物料连续流化干燥的操作方法。
（2）通过数据测定及分析，掌握干燥操作过程中物料热量衡算和体积对流传热系数（α_V）

的估算方法。同时通过实验数据验证流化床干燥的气-固相间对流传热效果较好,即 $α_V$ 值大。

(3) 实验过程可以定性观察到旋风分离器内径向上的静压强分布和分离器底部出灰口等处出现负压的情况,引导学生认识出灰口和集尘室密封良好的必要性。

二、实验内容

(1) 进行湿物料连续流化干燥的规范化操作练习。

(2) 测定几组不同干燥时间出料的含水量,进行相应的热量衡算、热效率 η 计算及对流传热系数 $α_V$ 计算,并通过数据处理结果得出结论。

三、实验原理

在进行干燥操作时,不仅需要了解干燥过程的干燥特性曲线,还需要了解整个过程的物料衡算、热量衡算及热效率问题。连续干燥操作是工业生产中常用的一种干燥方法。其对流干燥过程是将空气预热后进入干燥器,和连续进入干燥器的湿物料相遇,将湿物料中的湿基含水量由 w_1 降为 w_2(或干基含水量由 X_1 降为 X_2),物料的温度由 θ_1 升为 θ_2,同时干燥后的物料连续地离开干燥器。由于排出干燥器的空气会带走一部分热量,通常需要对干燥器内的空气补加热量。实际生产中,在生产能力和原料及产品要求已定的情况下,确定干燥器容积和操作条件时,需要以干燥过程的物料衡算和热量衡算为基础。

1. 连续干燥操作的物料衡算

在连续干燥的整个操作过程中,物料始终保持平衡,即:

$$物料湿重 = 物料干重 + 干燥的水分 \tag{3-21}$$

$$g_1 = g_2 + g_3 \tag{3-22}$$

式中 g_1——输入湿物料的质量,kg;

g_2——输出物料的质量,kg;

g_3——干燥过程中被除掉的水分量,kg。

式(3-22)可以变换为:

$$g_1 = g_2 \times \frac{1-w_1}{1-w_2} \tag{3-23}$$

$$g_3 = g_2 - g_1$$

式中 w_1——输入物料量的湿基含水量;

w_2——输出物料量的湿基含水量。

干燥时,物料的进、出料速率 G_1 和 G_2 为:

$$G_1 = g_1/\Delta_1 \tag{3-24}$$

$$G_2 = g_1/\Delta_2 \tag{3-25}$$

式中 G_1——物料的进料速率,kg·s^{-1};

G_2——物料的出料速率，kg·s^{-1}；

Δ_1，Δ_2——加料和出料时间，s。

在定常态操作条件下，Δ_1 和 Δ_2 相等，则：

$$G_1 = G_2 \times \frac{1-w_2}{1-w_1} \tag{3-26}$$

按绝对干燥的物料计算，进出料速率相等，记为 G_c，则有：

$$G_c = G_1(1-w_1)$$

$$G_c = G_2(1-w_2)$$

脱水速率 G_W 为：

$$G_W = G_c(X_1 - X_2) = q_m(H_1 - H_2) \tag{3-27}$$

式中 G_c——物料的进出料速率，kg·s^{-1}；

G_W——干燥过程中除掉水分的速率，kg·s^{-1}；

X_1——输入物料量的干基含水量；

X_2——输出物料量的干基含水量；

q_m——绝对干燥空气的质量流量，kg·s^{-1}；

H_1，H_2——空气进、出干燥器的湿度。

式（3-27）可以变换为：

$$G_W = G_1 - G_2 = G_1 \frac{w_1 - w_2}{1 - w_2} \tag{3-28}$$

2. 热量衡算

在稳定常态的连续干燥过程中，整个系统的热量是平衡的。若只考查单位时间内热量的变化情况下，即为功率平衡问题：

$$\varphi_\text{预} - \varphi_D = q_m(I_2 - I_0) + G_c(I_2' - I_1') + \varphi_\text{损} \tag{3-29}$$

式中 I_0——湿空气进预热器时的焓值，J·g 干气$^{-1}$；

I_2——湿空气离开干燥器时的焓值，J·g 干气$^{-1}$；

I_1'，I_2'——进、出干燥器时物料的焓值，J·g 干料$^{-1}$；

$\varphi_\text{预}$——预热功率，W；

φ_D——保温功率，W；

$\varphi_\text{损}$——损失功率，W。

在假定物质的比定压热容不随温度变化的情况下，式（3-29）可变换为：

$$\varphi_\text{预} + \varphi_D = q_m c_{p,\text{H2}} t_2 - q_m c_{p,\text{H0}} t_0 + G_c c_{p,\text{m2}} \theta_2 - G_2 c_{p,\text{m1}} \theta_1 + \varphi_\text{损} \tag{3-30}$$

式中 t_2——湿空气离开干燥器时的温度，℃；

t_0——湿空气进入预热器前的温度，℃；

$c_{p,\mathrm{m1}}$, $c_{p,\mathrm{m2}}$——进、出干燥器的湿物料的比定压热容，J·g 干物$^{-1}$·℃$^{-1}$；

$c_{p,\mathrm{H0}}$, $c_{p,\mathrm{H2}}$——进预热器前湿空气及出干燥器湿空气的比定压热容，J·g 干物$^{-1}$·℃$^{-1}$；

θ_1, θ_2——进、出干燥器时物料的温度，℃。

混合物质的比定压热容可以按加和原则计算：

$$c_{p,\mathrm{m}} = c_{p,\mathrm{s}} + c_{p,\mathrm{w}} X_t \tag{3-31}$$

$$c_{p,\mathrm{H}} = c_{p,\mathrm{g}} + c_{p,\mathrm{v}} H \tag{3-32}$$

式中　$c_{p,\mathrm{s}}$——绝干物料的比定压热容，J·g 干物$^{-1}$·℃$^{-1}$；

$c_{p,\mathrm{w}}$——水的比定压热容，J·g 干物$^{-1}$·℃$^{-1}$；

$c_{p,\mathrm{g}}$——绝干空气的比定压热容，J·g 干物$^{-1}$·℃$^{-1}$；

$c_{p,\mathrm{v}}$——水蒸气的比定压热容，J·g 干物$^{-1}$·℃$^{-1}$；

X_t——t 时刻物料量的干基含水量；

H——空气的湿度。

式（3-30）可以变换为下式：

$$\varphi_{预} + \varphi_\mathrm{D} = G_\mathrm{c} c_{p,\mathrm{m2}}(\theta_1 - \theta_2) + q_\mathrm{m} c_{p,\mathrm{H1}}(t_2 - t_0) + G_\mathrm{W}(r_0 + c_{p,\mathrm{v}} t_2 - c_{p,\mathrm{w}} \theta_1) + \varphi_{损} \tag{3-33}$$

式中　r_0——水的汽化潜热，J·g^{-1}。

式（3-33）中，$G_\mathrm{c} c_{p,\mathrm{m2}}(\theta_2 - \theta_1)$ 相当于物料温度升高带走的热量，用 φ_1 表示；$q_\mathrm{m} c_{p,\mathrm{H1}}(t_2 - t_0)$ 相当于原始空气经过干燥后带走的热量，用 φ_2 表示；$G_\mathrm{W}(r_0 + c_{p,\mathrm{v}} t_2 - c_{p,\mathrm{w}} \theta_1)$ 为将湿物料中的水分汽化，由进口状态变为出口状态而消耗的热量，用 $\varphi_{蒸}$ 表示。

其中损失的热量为：

$$\varphi_{损} = \varphi_{入} - q_\mathrm{m}(I_2 - I_0) - G_\mathrm{c}(I'_2 - I_1) \tag{3-34}$$

令 $\varphi_{入} = \varphi_{预} + \varphi_\mathrm{D}$，则：

$$热量损失率 = \frac{\varphi_{损}}{\varphi_{入}} \times 100\% \tag{3-35}$$

3. 热效率 η

干燥过程中热量的有效利用程度是决定过程经济性指标的重要依据。干燥机理是将热空气的热量传给湿物料，使湿物料中的水分汽化，水蒸气随空气带走，需要消耗的热量为 $\varphi_{蒸}$，此过程必然使物料温度升高，此时需消耗的热量为 φ_1。这两部分消耗的热量是不可避免的，因此可将这两部分热量之和与输入热量的比值定义为热效率 η，用来描述干燥过程的经济性。令 $\varphi = \varphi_1 + \varphi_{蒸}$，则热效率 η 为：

$$\eta = \frac{\varphi}{\varphi_{入}(向干燥器提供的能量)} \times 100\% \tag{3-36}$$

4. 体积对流传热系数

在对流干燥过程中，$\varphi = \varphi_1 + \varphi_{蒸}$ 是过程的传热速率。相应的体积对流传热系数可以写为：

$$\alpha_V = \frac{\varphi}{V \Delta t_m} \tag{3-37}$$

式中 α_V——体积对流传热系数，$W \cdot m^{-3} \cdot ℃^{-1}$；

V——流化床干燥器有效容积，m^3；

Δt_m——传热平均温差，℃。

四、实验装置的基本情况

1. 实验装置流程

流化床干燥实验装置由玻璃流化床干燥器、加料系统、旋风分离器、热空气产生系统及测量仪表所构成。如图 3-14 所示，物料从加料槽 5，经进料电机 4，从干燥器上边，进入玻璃流化床干燥器 7，与上升的热空气进行质量传递，达到指标后，经出料口 2，到出

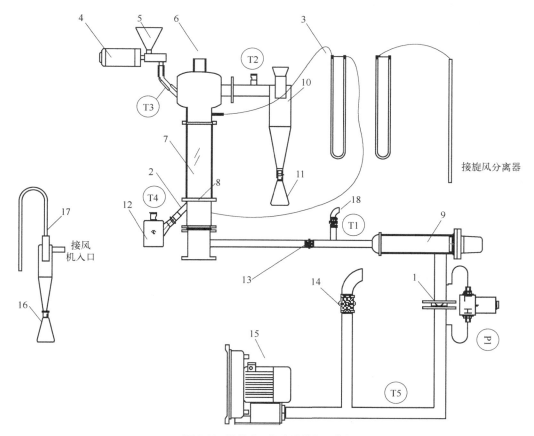

图 3-14 流化床干燥实验流程示意图

1—孔板流量计；2—出料口；3—U 形管压差计；4—进料电机；5—加料槽；6—排气口；7—玻璃流化床干燥器；8—分布板（30 目不锈钢丝网）；9—电加热器；10—旋风分离器；11—粉尘接收瓶；12—出料接收瓶；13—进气阀；14—旁路阀（空气流量调节阀）；15—旋涡气泵；16—干燥器内剩料接收瓶；17—吸干燥器内剩料用的吸管（可移动）；18—放空阀；T1—空气进口温度；T2—空气出口温度计；T3—干燥物料进口温度计；T4—干燥物料出口温度；T5—空气进流量计前温度；P1—压差传感器

料接收瓶。空气从旋涡气泵出15，经旁路阀14，到孔板流量计1，进入电加热器9，经进气阀13，从底部进入玻璃流化床干燥器7，经旋风分离器自然排出。

2. 实验设备主要技术参数（表3-8）

表3-8 实验操作参数（参考值）

空气	流量计压差读数/kPa	1～2；视流化程度而定
	进口温度/℃	60左右
硅胶	颗粒直径/mm	0.8～1.6
	水量	500～600g物料中加25～40mL水
	加料速度	直流电机电压不大于12V

流化床干燥器（玻璃制品）

流化床层直径D：$\phi 100 \times 2.5$mm；流化床气流分布器：30目不锈钢丝网。

物料：变色硅胶，1.0～1.6mm粒径；每次实验用量：200～350g（加水量30～40mL）。绝干料比热$c_s=0.783$kJ·kg^{-1}·℃$^{-1}$（$t=57$℃）（无机盐工业手册）。

空气流量测定：孔板流量计孔径，17.0mm。

测量时需进行校正，具体方法是流量计处的体积流量V_0：

$$V_0=C_0A_0\sqrt{\frac{2}{\rho}(p_1-p_2)}\ (\text{m}^3\cdot\text{s}^{-1}) \tag{3-38}$$

式中 C_0——孔板流量计的流量系数，$C_0=0.67$；

ρ——空气在t_0时的密度，kg·m^{-3}；

p_1-p_2——流量计处压差，Pa。

若设备的气体进口温度与流量计处的气体温差较大，两处的体积流量是不同的（例如流化床干燥器），此时体积流量需用气体状态方程进行校正（空气在常压下操作时通常使用理想气体状态方程）。例如流化床干燥器，气体的进口温度为t_1，则体积流量V_1为：

$$V_1=V\frac{273+t_1}{273+t}\ (\text{m}^3\cdot\text{h}^{-1})$$

3. 实验装置面板图（图3-15）

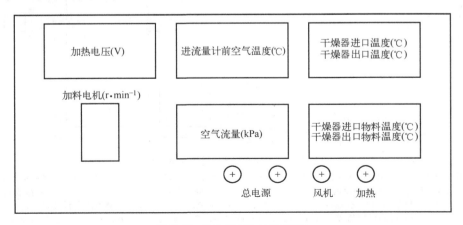

图3-15 流化床干燥实验面板图

4. 实验装置实物图（图 3-16）

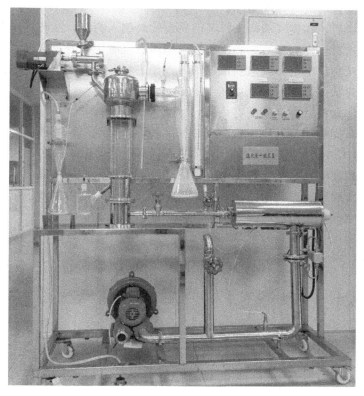

图 3-16　流化床干燥实验装置图

五、实验操作步骤

1. 实验前准备、检查工作

（1）按流程示意图检查设备、容器及仪表是否完好灵敏好用。

（2）按快速水分测定仪（用户自备）说明书要求，调整好水分测定仪冷热零点待用。

（3）将硅胶筛分好所需粒径放入流化床干燥器，并缓慢加入适量水搅拌均匀，在工业天平上称好所用重量，备用。

（4）空气流量调节阀 14 打开，放空阀 18 打开，进气阀 13 关闭（见流程示意图）。

（5）向干、湿球温度计的水槽内灌水，使湿球温度计处于正常状况。

（6）准备秒表一块（或用手表计时）。

（7）记录下流程上所有温度计的温度值。

2. 实验操作

（1）从准备好的湿料中取出多于 10g 的物料，使用快速水分测定仪（用户自备）测出干燥器的物料湿度 w_1。

（2）启动风机，调节流量到指定读数。接通预热器电源，将其电压逐渐升高到 100V 加热空气。当干燥器的气体进口温度接近 60℃时，打开进气阀 19，关闭放空阀 18，调节阀 14 使流量计读数恢复至规定值。同时向干燥器通电，保温电压大小以在预热阶段维持干燥器出口温度接近于进口温度为准。

(3) 启动风机后，在进气阀尚未打开前将湿物料倒入料瓶，准备好出料接收瓶。

(4) 待空气进口温度（60℃）和出口温度基本稳定时记录有关数据，包括干、湿球湿度计的数值。启动直流电机，调速到指定值，开始进料。同时按下秒表记录进料时间，观察固体颗粒的流化状况。

(5) 加料后注意维持进口温度 t_1 不变、保温电压不变、气体流量计读数不变。

(6) 操作到有固料从出料口连续溢流时按下秒表，记录出料时间。

(7) 连续操作 30min 左右。此期间，每间隔 5min 记录相关数据，包括固料出口温度 θ_2。对数据进行处理时，取操作基本稳定后的多次记录数据的平均值。

(8) 当结束干燥实验时，关闭直流电机旋钮停止加料，同时停秒表记录加料时间和出料时间，打开放空阀，关闭进气阀，切断加热和保温电源。

(9) 将干燥器出口物料进行称量，测出湿度 w_2 值（方法同 w_1）。放下加料器内剩下的湿物料称重量，确定实际加料量和出料量。并用旋涡气泵吸气方法取出干燥器内剩余物料、称出重量。

(10) 关停风机，一切复原（包括将所有固料都放在一个容器内）。

六、实验注意事项

(1) 玻璃干燥器外壁带电，操作时严防触电，平时玻璃表面应保持洁净。

(2) 实验前要整理好应记录的数据并绘制表格，掌握快速水分测定仪的正确使用方法，会正确测取固料进、出料水分湿含量。

(3) 实验中风机旁路阀门不要全关。放空阀实验前后应全开，实验中应全关。

(4) 加料直流电机电压控制不能超过 12V。保温电压要缓慢升压。

(5) 注意节约使用硅胶并严格控制加水量，水量不能过大，小于 0.5mm 粒径的硅胶也可用来作为被干燥的物料，只是干燥过程中旋风分离器不易将细粉粒分离干净而被空气带出。

(6) 本实验设备和管路均未严格保温，目的是便于观察流化床内颗粒干燥的过程，所以热损失比较大。

七、实验数据记录及数据处理过程举例

实验数据记录可参考表 3-9。

表 3-9 流化床干燥操作实验原始数据记录表

干燥器内径：$D_1 = 76$mm；绝干硅胶比热：$c_s = 0.783$kJ·kg^{-1}·℃$^{-1}$
加料管内初始物料量：$G_{01} = 523.3$g；加料管内剩余物料量：$G_{11} = 223.3$g
加料时间：$\Delta \tau_1 = 40$min = 2400s
进干燥器物料的含水量：$w_1 = 0.184$kg 水·kg 湿物料$^{-1}$（快速水分测定仪读数）
出干燥器物料的含水量：$w_2 = 0.057$kg 水·kg 湿物料$^{-1}$（快速水分测定仪读数）

续表

名称		进料前	进料后	开始出料后间隔5min记录一次
	流量压差计读数/kPa			
风机吸入口	大气干球温度 t_0/℃			
	大气湿球温度 t_w/℃			
	相对湿度 φ			
干燥器进口温度 t_1/℃				
干燥器出口温度 t_2/℃				
进流量计前空气温度 t_0/℃				
干燥器进口物料温度 θ_1/℃				
干燥器出口物料温度 θ_2/℃				
流化床层压差/mmH$_2$O				
流化床层平均高度 h/mm				
预热器加热电压显示值/V				
加料电机电压/V				

1. 物料量计算

输入物料量＝实际加料量

$$\Delta g_1 = g_{01} - g_{11} = 523.3 - 233.4 = 299.9 \text{ (g)}$$

进料速率：$G_C = \dfrac{\Delta g_1}{\Delta \tau_1} = \dfrac{299.9}{2400} = 0.125 \times 10^{-3}$ (kg·s^{-1})

绝干料：$G_C = g_1(1-w_1) = 0.125 \times 10^{-3} \times (1-0.184) = 0.1016 \times 10^{-3}$ (kg·s^{-1})

以干基为基准的湿含量：$X = \dfrac{w}{1-w}$

$$X_1 = \dfrac{0.184}{1-0.184} = 0.2255; \quad X_2 = \dfrac{0.057}{1-0.057} = 0.0604$$

脱水速率：$W = G_C(X_1 - X_2) = 0.1016 \times 10^{-3} \times (0.2255 - 0.0604)$
$= 0.01677 \times 10^{-3}$ (kg·s^{-1})

2. 热量衡算（举例）

输入热量：
$$Q_\text{入} = Q_P + Q_D = U_P^2/R_P + U_D^2/R_D \tag{3-39}$$

其中：预热器实际加热电压 $U_P = 99.4$（V），干燥器实际保温电压 $U_D = 48.8$（V）

则：$\varphi_入 = 99.4^2/30 + 48.8^2/61.7 = 329.345 + 38.59 = 367.94$ （W）

输出热量：$\varphi_出 = L(I_2 - I_0) + G_C(I'_2 - I'_1)$ （W）

空气质量流量 L （kg·s^{-1}）计算：

流量计读数 $p_1 - p_2 = 0.7$ （kPa）；流量计处温度为 30℃；流量计处的体积如下：

$$V_0 = C_0 A_0 \sqrt{\frac{2}{\rho}(p_1 - p_2)} \text{ (m}^3 \cdot \text{s}^{-1})$$

$C_0 = 0.67$；$A_0 = \pi/4 \times d_0^2 = 2.269 \times 10^{-4} \text{ m}^2$；空气在 30℃ 时的密度为 1.16 kg·m^{-3}

$$V_0 = 0.67 \times 2.269 \times 10^{-4} \times \sqrt{\frac{2}{1.165} \times 700} = 52.81 \times 10^{-4} \text{ (m}^3 \cdot \text{s}^{-1}) = 19.01 \text{ (m}^3 \cdot \text{h}^{-1})$$

由此得流量计处体积流量 $V_0 = 19.01$ （m^3·h^{-1}）

而实际操作中，干燥器进口温度为 69.0℃，因此根据状态方程得：

$$V_进 = 19.01 \times \frac{273 + 69.0}{273 + 30.0} = 21.46 \text{ (m}^3 \cdot \text{h}^{-1})$$

$$H_0 = H_1 = 0.622 \times \frac{\varphi p_s}{p - \varphi p_s} = \frac{0.622 \times 0.58 \times 2267.9}{101325 - 0.58 \times 2267.9} = 0.00818$$

由 $t_0 = 23℃$；$t_w = 18℃$ 查得相对湿度 $\varphi = 58\%$，空气的饱和蒸汽压 $p_s = 2267.9$ Pa

干燥器进口处空气湿比容：

$$V_H = (0.772 + 1.244H) \times \frac{t + 273}{273}$$

$$= (0.772 + 1.244 \times 0.00818) \times \frac{273 + 56.0}{273} = 0.9425 \text{(m}^3 \cdot \text{kg}^{-1})$$

绝干气流量：$L = \dfrac{V_进}{V_H} = \dfrac{21.46}{0.9425 \times 3600} = 6.324 \times 10^{-3}$ (kg·s^{-1})

干燥器出口空气湿度：$H_2 = \dfrac{W}{L} + H_1 = \dfrac{0.01677 \times 10^{-3}}{6.324 \times 10^{-3}} + 0.00818 = 0.01083$

空气焓值 I （kJ·kg^{-1}）计算：

干燥器出口处 $I_2 = (1.01 + 1.88H_2) \times t_2 + 2490 H_2$
$\qquad\qquad = (1.01 + 1.88 \times 0.01083) \times 56 + 2490 \times 0.01083$
$\qquad\qquad = 84.6667$ (kJ·kg^{-1})

干燥器进口处 $I_1 = (1.01 + 1.88H_1)t_1 + 2490 H_1$
$\qquad\qquad = (1.01 + 1.88 \times 0.00818) \times 69.1 + 2490 \times 0.00818$
$\qquad\qquad = 91.2182$ (kJ·kg^{-1})

流量计处 $I_0 = (1.01 + 1.88 H_0) \times t_0 + 2490 \times H_0$
$\qquad\qquad = (1.01 + 1.88 \times 0.00818) \times 30 + 2490 \times 0.00818$
$\qquad\qquad = 51.12$ (kJ·kg^{-1})

物料焓值 I' 计算：$I' = (C_s + X C_w) \times \theta$

物料进口处：$I'_1 = (0.783 + 0.2255 \times 4.187) \times 23 = 39.72 (\text{kJ} \cdot \text{kg}^{-1})$

物料出口处：$I'_2 = (0.783 + 0.0695 \times 4.187) \times 40 = 42.96 (\text{kJ} \cdot \text{kg}^{-1})$

输出热量：$Q_{出} = L(I_2 - I_0) + G_C(I'_2 - I'_1) \ (\text{W})$

$$Q_{出} = 6.324 \times 10^{-3}(84.6667 - 51.12) + 0.1016 \times 10^{-3}(42.96 - 39.72)$$
$$= 212.5 \times 10^{-3} (\text{kW}) = 212.5 \ (\text{W})$$

热量损失：$Q_{损} = \dfrac{Q_{入} - Q_{出}}{Q_{入}} = \dfrac{367.94 - 212.5}{367.94} = 42\%$

3. 对流传热系数 α_V 计算（举例）

$$\alpha_V = \frac{\phi}{V \Delta t_m} \tag{3-40}$$

式中 α_V——对流传热系数，$\text{W} \cdot \text{m}^{-3} \cdot \text{℃}^{-1}$。

气体向固体物料传热的后果是引起物料升温和水分蒸发。

其传热速率：$\phi = \phi_1 + \phi_2$

$$\phi_1 = G_c c_{m2}(\theta_2 - \theta_1) = G_c(c_m + c_w X_2)(\theta_2 - \theta_1) \tag{3-41}$$

$$\phi_2 = W(I'_V - I'_L) = W[(r_{0℃} + c_V \theta_m) - c_w \theta_1] \tag{3-42}$$

式中 ϕ_1——湿含量为 X_2 的物料从 θ_1 升温到 θ_2 所需要的传热速率，W；

ϕ_2——W 水在汽化所需的传热速率，W；

c_{m2}——出干燥器物料的湿比热容，$\text{kJ} \cdot \text{kg 绝干料}^{-1} \cdot \text{℃}^{-1}$；

I'_V——θ_m 温度下水蒸气的焓，$\text{kJ} \cdot \text{kg}^{-1}$；

I'_L——θ_1 温度下液态水的焓，$\text{kJ} \cdot \text{kg}^{-1}$。

$\theta_m = (\theta_1 + \theta_2)/2 = (23 + 40.0)/2 = 31.5 \ (\text{℃})$

$\phi = \{0.1016 \times 10^{-3} \times (0.783 + 4.187 \times 0.0604) \times (40 - 23) \times 0.01677 \times 10^{-3} \times [(2490 + 1.88 \times 31.5) - 4.187 \times 23]$

$= 42.92 \times 10^{-3} (\text{kW}) = 42.92 \ (\text{W})$

流化床干燥器有效容积：$V = \dfrac{\pi}{4} D_1^2 h = \dfrac{\pi}{4} \times 0.075^2 \times 0.21 = 0.927 \times 10^{-3} \ (\text{m}^3)$

气相和固相之间推动力：

$$\Delta t_m = \frac{(t_1 - \theta_m) - (t_2 - \theta_m)}{\ln \dfrac{t_1 - \theta_m}{t_2 - \theta_m}} = \frac{(69 - 31.5) - (55.5 - 31.5)}{\ln \dfrac{69 - 31.5}{55.5 - 31.5}} = 30.26 \ (\text{℃})$$

$$\alpha_V = \frac{42.92}{9.27 \times 10^{-4} \times 30.26} = 1.53 \times 10^3 (\text{W} \cdot \text{m}^{-3} \cdot \text{℃}^{-1})$$

4. 热效率 η 计算（举例）

$$\eta = \frac{\text{干燥过程中蒸发水分所消耗的热量} Q_{蒸}}{\text{向干燥器提供热量} Q_{入}} \times 100\% \tag{3-43}$$

$$Q_{蒸} = W(2490 + 1.88t_2 - 4.187\theta_1)$$
$$= 0.01677 \times 10^{-3}(2490 + 1.88 \times 55.5 - 4.187 \times 23) \times 10^3 = 41.9.00(W)$$

$Q_入 = 367.94 W$

$$\eta = \frac{41.9}{367.94} = 11\%$$

实验结果表明，体积对流传热系数和热效率值符合文献数据。从数据看热损失偏大，分析其主要原因是管路采用不锈钢制作且管路未加保温所致。

八、思考与讨论

(1) 体积对流传热系数的计算结果是否符合文献数据？
(2) 热效率的计算值是否符合文献数据？
(3) 简述造成本实验热损失的主要原因。
(4) 降低湿物料的初始含水量，对干燥操作有何影响？

附录

附录1　常用单位换算

	米 m	毫米 mm	英寸 in	英尺 ft	英里 mile
长度	1	1×10^3	39.37	3.2808	6.214×10^{-4}
	1×10^{-3}	1	3.937×10^{-2}	3.28×10^{-3}	6.214×10^{-7}
	2.548×10^{-2}	25.4	1	8.333×10^{-2}	1.578×10^{-5}
	3.048×10^{-1}	304.8	12	1	1.894×10^{-4}
	1.609×10^3	1.609×10^6	6.336×10^4	5280	1

	平方米 m^2	公亩 Are	平方公里 km^2	平方英尺 ft^2	英亩 Acre
面积	1	1×10^{-2}	1×10^{-6}	10.764	2.471×10^{-4}
	100	1	1×10^{-4}	1076.4	2.471×10^{-2}
	1×10^6	1×10^4	1	1.076×10^7	247.1
	9.29×10^{-2}	9.29×10^{-4}	9.29×10^{-8}	1	2.296×10^{-5}
	4046.9	40.469	4.047×10^{-3}	43560	1

	立方米 m^3	升 L	(美)加仑 US Gal	(英)加仑 UK Gal	立方英尺 ft^3
体积	1	1000	264.17	219.98	35.315
	1×10^{-3}	1	2.642×10^{-1}	2.20×10^{-1}	0.0353
	3.785×10^{-3}	3.7853	1	8.327×10^{-1}	0.1337
	4.546×10^{-3}	4.546	1.20095	1	0.1605
	2.832×10^{-2}	28.316	7.481	6.229	1

续表

	克 g	千克 kg	吨 t	磅 lb	盎司 oz
质量	1	1×10^{-3}	1×10^{-6}	2.205×10^{-3}	3.527×10^{-2}
	1×10^3	1	1×10^{-3}	2.20462	35.274
	1×10^6	1×10^3	1	2204.6	3.527×10^4
	453.59	4.5359×10^{-1}	4.536×10^{-4}	1	16
	28.35	2.835×10^{-2}	2.835×10^{-5}	6.25×10^{-2}	1

	牛顿 N ($kg_质 \cdot m \cdot s^{-2}$)	公斤(力) (kgf)	达因 dyn	磅 lbf	磅达 pdl
力(重量)	1	0.102	10^5	0.2248	7.233
	9.8067	1	980670	2.205	70.91
	10^{-5}	1.02×10^{-6}	1	2.248×10^{-6}	7.233×10^{-5}
	4.448	0.4536	4.448×10^5	1	32.17
	0.1383	0.0141	13825	0.0311	1

	牛顿·米$^{-1}$ N·m^{-1}	公斤力·米$^{-1}$ kgf·m^{-1}	达因·厘米$^{-1}$ dyn·cm^{-1}	磅·英尺$^{-1}$ lbf·ft^{-1}	克·厘米$^{-1}$ g·cm^{-1}
表面张力	1	0.102	10^3	6.864×10^{-2}	1.02
	9.807	1	9807	0.6720	10
	10^{-3}	1.02×10^{-4}	1	6.864×10^{-5}	1.02×10^{-3}
	14.592	1.488	14592	1	14.88
	0.9807	0.1	980.7	0.0672	1

	帕 Pa	毫米水柱 mmH$_2$O	大气压 atm	磅力/平方英寸 psi	英寸汞柱 inHg
压力	1	1.0197×10^{-1}	9.8692×10^{-6}	1.4504×10^{-4}	2.593×10^{-4}
	9.806	1	9.678×10^{-5}	1.422×10^{-3}	2.89×10^{-3}
	101325	10332	1	14.696	29.921
	6894.8	703.06	6.805×10^{-2}	1	2.036
	3386.5	345.32	3.34×10^{-2}	4.912×10^{-1}	1

	焦耳 J	千焦耳 kJ	千瓦·时 kW·h	大卡 kcal	英热单位 Btu
能量	1	1×10^{-3}	2.778×10^{-7}	2.388×10^{-4}	9.478×10^{-4}
	1×10^3	1	2.778×10^{-4}	2.388×10^{-1}	9.478×10^{-1}
	3.6×10^6	3600	1	860.1	3413
	4186.8	4.1868	1.163×10^{-3}	1	3.968
	1055.1	1.0551	2.93×10^{-4}	2.519×10^{-1}	1

	瓦 W	千瓦 kW	大卡·时$^{-1}$ kcal·h^{-1}	英热单位·时$^{-1}$ Btu·h^{-1}	冷吨 TR
功率	1	1×10^{-3}	8.60×10^{-1}	3.413	2.844×10^{-4}
	1×10^3	1	860.1	3.413×10^3	2.844×10^{-1}
	1.163	1.163×10^{-3}	1	3.968	3.30×10^{-4}
	2.93×10^{-1}	2.93×10^{-4}	2.52×10^{-1}	1	8.33×10^{-5}
	3516	3.516	3024	12000	1

续表

传热系数	W·m^{-2}·K^{-1}	kcal·h^{-1}·m^{-2}·℃$^{-1}$	英热单位·英尺$^{-2}$·时$^{-1}$·华氏度$^{-1}$ Btu·h^{-1}·ft^{-2}·°F^{-1}
	1	0.8597	0.1761
	1.163	1	0.2049
	5.6783	4.882	1
热导率	W·m^{-1}·K^{-1}	kcal·cm·m^{-2}·h^{-1}·℃$^{-1}$	英热单位·英寸·英尺$^{-2}$·时$^{-1}$·华氏度$^{-1}$ Btu·in·h^{-1}·ft^{-2}·°F^{-1}
	1	86.01	6.935
	1.163×10^{-2}	1	8.063×10^{-2}
	1.442×10^{-1}	12.40	1
比热容	kJ·kg^{-1}·K^{-1}	kcal·kg^{-1}·℃$^{-1}$	英热单位·磅$^{-1}$·华氏度$^{-1}$ Btu·lb^{-1}·°F^{-1}
	1	2.388×10^{-1}	2.388×10^{-1}
	4.1868	1	1

	Pa·s	泊 P	厘泊 cP	磅·英尺$^{-1}$·秒 lb·ft^{-1}·s	公斤力·秒·米$^{-2}$ kgf·s·m^{-2}
动力黏度	1	10	1000	0.6720	0.102
	0.1	1	100	0.0672	0.0102
	10^{-3}	0.01	1	6.72×10^{-4}	1.02×10^{-4}
	1.4481	14.881	1488.1	1	0.1519
	9.81	98.1	9810	6.59	1

	m^2·s^{-1}	斯 cm^2·s^{-1}	米^2·时$^{-1}$ m^2·h^{-1}	英尺^2·秒$^{-1}$ ft^2·s^{-1}	英尺^2·时$^{-1}$ ft^2·s^{-1}
运动黏度	1	10^4	3.6×10^3	10.76	38750
	10^{-4}	1	0.36	1.076×10^{-3}	3.875
	2.778×10^{-4}	2.778	1	2.99×10^{-3}	10.76
	9.29×10^{-4}	929.0	334.5	1	3600
	2.851×10^{-3}	0.2581	0.0929	2.778×10^{-4}	1

	米^2·秒$^{-1}$ m^2·s^{-1}	厘米^2·秒$^{-1}$ cm^2·s^{-1}	米^2·时$^{-1}$ m^2·h^{-1}	英尺^2·时$^{-1}$ ft^2·h^{-1}	英尺^2·秒$^{-1}$ in^2·s^{-1}
扩散系数	1	10^4	3600	3.875×10^4	1550
	10^{-4}	1	0.36	3.875	0.155
	2.778×10^{-4}	2.778	1	10.674	0.4306
	0.2581×10^{-4}	0.2581	0.0929	1	0.04
	6.452×10^{-4}	6.452	2.323	25	1

注：1n mile（海里）=1852m，1桶=138kg，$t/℃=\dfrac{5}{9}(t/°F-32)$。

附录2 水的物理性质

温度 (t)/℃	饱和蒸气压 (p)/kPa	密度 (ρ)/(kg·m^{-3})	焓 (H)/(kJ·kg^{-1})	比热容 $(c_p \times 10^{-3})$/(J·kg^{-1}·K^{-1})	热导率 $(\lambda \times 10^2)$/(W·m^{-1}·K^{-1})	黏度 $(\mu \times 10^6)$/(Pa·s)	体积膨胀系数 $(\beta \times 10^4)$/K^{-1}	表面张力 $(\sigma \times 10^4)$/(N·m^{-1})	普朗特数 Pr
0	0.611	999.9	0	4.212	55.1	1788	−0.81	756.4	13.6
10	1.227	999.7	42.04	4.191	57.4	1306	+0.87	741.6	9.52
20	2.338	998.2	83.91	4.183	59.9	1004	2.09	726.9	7.02
30	4.241	995.7	125.7	4.174	61.8	801.5	3.05	712.2	5.42
40	7.375	992.2	167.5	4.174	63.5	653.3	3.86	696.5	4.31
50	12.335	988.1	209.3	4.174	64.8	549.4	4.57	676.9	3.54
60	19.92	983.1	251.1	4.179	65.9	469.9	5.22	662.2	2.99
70	31.16	977.8	293.0	4.187	66.8	406.1	5.83	643.5	2.55
80	47.36	971.8	355.0	4.195	67.4	355.1	6.40	625.9	2.21
90	70.11	965.3	377.0	4.208	68.0	314.9	6.96	607.2	1.95
100	101.3	958.4	419.1	4.220	68.3	282.5	7.50	588.6	1.75
110	143	951.0	461.4	4.233	68.5	259.0	8.04	569.0	1.60
120	198	943.1	503.7	4.250	68.6	237.4	8.58	548.4	1.47
130	270	934.8	546.4	4.266	68.6	217.8	9.12	528.8	1.36
140	361	926.1	589.1	4.287	68.5	201.1	9.68	507.2	1.26
150	476	917.0	632.2	4.313	68.4	186.4	10.26	486.6	1.17
160	618	907.0	675.4	4.346	68.3	173.6	10.87	466.0	1.10
170	792	897.3	719.3	4.380	67.9	162.8	11.52	443.4	1.05
180	1003	886.9	763.3	4.417	67.4	153.0	12.21	422.8	1.00
190	1255	876.0	807.8	4.459	67.0	144.2	12.96	400.2	0.96
200	1555	863.0	852.8	4.505	66.3	136.4	13.77	376.7	0.93
210	1908	852.3	897.7	4.555	65.5	130.5	14.67	354.1	0.91
220	2320	840.3	943.7	4.614	64.5	124.6	15.67	331.6	0.89
230	2798	827.3	990.2	4.681	63.7	119.7	16.80	310.0	0.88
240	3348	813.6	1037.5	4.756	62.8	114.8	18.08	285.5	0.87
250	3978	799.0	1085.7	4.844	61.8	109.9	19.55	261.9	0.86
260	4694	784.0	1135.7	4.949	60.5	105.9	21.27	237.4	0.87
270	5505	767.9	1185.7	5.070	59.0	102.0	23.31	214.8	0.88
280	6419	750.7	1236.8	5.230	57.4	98.1	25.79	191.3	0.90
290	7445	732.3	1290.0	5.485	55.8	94.2	28.84	168.7	0.93

续表

温度 (t)/℃	饱和蒸气压 (p)/kPa	密度 (ρ) /(kg·m^{-3})	焓 (H) /(kJ·kg^{-1})	比热容 $(c_p \times 10^{-3})$ /(J·kg^{-1}·K^{-1})	热导率 $(\lambda \times 10^2)$ /(W·m^{-1}·K^{-1})	黏度 $(\mu \times 10^6)$ /(Pa·s)	体积膨胀系数 $(\beta \times 10^4)$ /K^{-1}	表面张力 $(\sigma \times 10^4)$ /(N·m^{-1})	普朗特数 Pr
300	8592	712.5	1344.9	5.736	54.0	91.2	32.73	144.2	0.97
310	9870	691.1	1402.2	6.071	52.3	88.3	37.85	120.7	1.03
320	11290	667.1	1462.1	6.574	50.6	85.3	44.91	98.10	1.11
330	12865	640.2	1526.2	7.244	48.4	81.4	55.31	76.71	1.22
340	14608	610.1	1594.8	8.165	45.7	77.5	72.10	56.70	1.39
350	16537	574.4	1671.4	9.504	43.0	72.6	103.7	38.16	1.60
360	18674	528.0	1761.5	13.984	39.5	66.7	182.9	20.21	2.35
370	21053	450.5	1892.5	40.321	33.7	56.9	676.7	4.71	6.79

注：β 值选自 Steam Tables in SI Units, 2nd ed, Grigull U, et al, ed, Springer-Verlag, 1984。

附录3 饱和水蒸气的物理性质（按温度排列）

温度/℃	绝对压力/kPa	蒸汽的比体积 /(m^3·kg^{-1})	蒸汽的密度 /(kg·m^{-3})	焓/(kJ·kg^{-1}) 液体	焓/(kJ·kg^{-1}) 蒸汽	汽化热 /(kJ·kg^{-1})
0	0.6082	206.5	0.00484	0	2491	2491
5	0.8730	147.1	0.00680	20.9	2500.8	2480
10	1.226	106.4	0.00940	41.9	2510.4	2469
15	1.707	77.9	0.01283	62.8	2520.5	2458
20	2.335	57.8	0.01719	83.7	2530.1	2446
25	3.168	43.40	0.02304	104.7	2539.7	2435
30	4.247	32.93	0.03036	125.6	2549.3	2424
35	5.621	25.25	0.03960	146.5	2559.0	2412
40	7.377	19.55	0.05114	167.5	2568.6	2401
45	9.584	15.28	0.06543	188.4	2577.8	2389
50	12.34	12.054	0.0830	209.3	2587.4	2378
55	15.74	9.589	0.1043	230.3	2596.7	2366
60	19.92	7.687	0.1301	251.2	2606.3	2355
65	25.01	6.209	0.1611	272.1	2615.5	2343
70	31.16	5.052	0.1979	293.1	2624.3	2331
75	38.55	4.139	0.2416	314.0	2633.5	2320
80	47.68	3.414	0.2929	334.9	2642.3	2307
85	57.88	2.832	0.3531	355.9	2651.1	2295
90	70.14	2.365	0.4229	376.8	2659.9	2283
95	84.56	1.985	0.5039	397.8	2668.7	2271

续表

温度/℃	绝对压力/kPa	蒸汽的比体积/(m³·kg⁻¹)	蒸汽的密度/(kg·m⁻³)	焓/(kJ·kg⁻¹) 液体	焓/(kJ·kg⁻¹) 蒸汽	汽化热/(kJ·kg⁻¹)
100	101.33	1.675	0.5970	418.7	2677.0	2258
105	120.85	1.421	0.7036	440.0	2685.0	2245
110	143.31	1.212	0.8254	461.0	2693.4	2232
115	169.11	1.038	0.9635	482.3	2701.3	2219
120	198.64	0.893	1.1199	503.7	2708.9	2205
125	232.19	0.7715	1.296	525.0	2716.4	2191
130	270.25	0.6693	1.494	546.4	2723.9	2178
135	313.11	0.5831	1.715	567.7	2731.0	2163
140	361.47	0.5096	1.962	589.1	2737.7	2149
145	415.72	0.4469	2.238	610.9	2744.4	2134
150	476.24	0.3933	2.543	632.2	2750.7	2119
160	618.28	0.3075	3.252	675.8	2762.9	2087
170	792.59	0.2431	4.113	719.3	2773.3	2054
180	1003.5	0.1944	5.145	763.3	2782.5	2019
190	1255.6	0.1568	6.378	807.6	2790.1	1982
200	1554.8	0.1276	7.840	852.0	2795.5	1944
210	1917.7	0.1045	9.567	897.2	2799.3	1902
220	2320.9	0.0862	11.60	942.4	2801.0	1859
230	2798.6	0.07155	13.98	988.5	2800.1	1812
240	3347.9	0.05967	16.76	1034.6	2796.8	1762
250	3977.7	0.04998	20.01	1081.4	2790.1	1709
260	4693.8	0.04199	23.82	1128.8	2780.9	1652
270	5504.0	0.03538	28.27	1176.9	2769.3	1591
280	6417.2	0.02988	33.47	1225.5	2752.0	1526
290	7743.3	0.02525	39.60	1274.5	2732.3	1457
300	8592.9	0.02131	46.93	1325.5	2708.0	1382

附录4 饱和水蒸气的物理性质（按压力排列）

绝对压力/kPa	温度/℃	蒸汽的比体积/(m³·kg⁻¹)	蒸汽的密度/(kg·m⁻³)	焓/(kJ·kg⁻¹) 液体	焓/(kJ·kg⁻¹) 蒸汽	汽化热/(kJ·kg⁻¹)
1.0	6.3	129.37	0.00773	26.48	2503.1	2476.8
1.5	12.5	88.26	0.01133	52.26	2515.3	2463.0
2.0	17.0	67.29	0.01486	71.21	2524.2	2452.9
2.5	20.9	54.47	0.01836	87.45	2531.8	2444.3
3.0	23.5	45.52	0.02179	98.38	2536.8	2438.4

续表

绝对压力 /kPa	温度 /℃	蒸汽的比体积 /(m³·kg⁻¹)	蒸汽的密度 /(kg·m⁻³)	焓/(kJ·kg⁻¹)		汽化热 /(kJ·kg⁻¹)
				液体	蒸汽	
3.5	26.1	39.45	0.02523	109.30	2541.8	2432.5
4.0	28.7	34.88	0.02867	120.23	2546.8	2426.6
4.5	30.8	33.06	0.03205	129.00	2550.9	2421.9
5.0	32.4	28.27	0.03537	135.69	2554.0	2418.3
6.0	35.6	23.81	0.04200	149.06	2560.1	2411.0
7.0	38.8	20.56	0.04864	162.44	2566.3	2403.8
8.0	41.3	18.13	0.05514	172.73	2571.0	2398.2
9.0	43.3	16.24	0.06156	181.16	2574.8	2393.6
10	45.3	14.71	0.06798	189.59	2578.5	2388.9
15	53.5	10.04	0.09956	224.03	2594.0	2370.0
20	60.1	7.65	0.13068	251.51	2606.4	2354.9
30	66.5	5.24	0.19093	288.77	2622.4	2333.7
40	75.0	4.00	0.24975	315.93	2634.1	2312.2
50	81.2	3.25	0.30799	339.8	2644.3	2304.5
60	85.6	2.74	0.36514	358.21	2652.1	2293.9
70	89.9	2.37	0.42229	376.61	2659.8	2283.2
80	93.2	2.09	0.47807	390.08	2665.3	2275.3
90	96.4	1.87	0.53384	403.49	2670.8	2267.4
100	99.6	1.70	0.58961	416.90	2676.3	2259.5
120	104.5	1.43	0.69868	437.51	2684.3	2246.8
140	109.2	1.24	0.80758	457.67	2692.1	2234.4
160	113.0	1.21	0.82981	473.88	2698.1	2224.2
180	116.6	0.988	1.0209	489.32	2703.7	2214.6
200	120.2	0.887	1.1273	493.71	2709.2	2204.6
250	127.2	0.719	1.3904	534.39	2719.7	2185.4
300	133.3	0.606	1.6501	560.38	2728.5	2168.1
350	138.8	0.524	1.9074	583.76	2736.1	2152.3
400	143.4	0.463	2.1618	603.61	2742.1	2138.5
450	147.7	0.414	2.4152	622.42	2747.8	2125.4
500	151.7	0.375	2.6673	639.59	2752.8	2113.2
600	158.7	0.316	3.1686	670.22	2761.4	2091.1
700	164.7	0.273	3.6657	696.27	2767.8	2071.5
800	170.4	0.240	4.1614	720.96	2773.7	2052.7
900	175.1	0.215	4.6525	741.82	2778.1	2036.2
1×10^3	179.9	0.194	5.1432	762.68	2782.5	2019.7

续表

绝对压力 /kPa	温度 /℃	蒸汽的比体积 /(m³·kg⁻¹)	蒸汽的密度 /(kg·m⁻³)	焓/(kJ·kg⁻¹)		汽化热 /(kJ·kg⁻¹)
				液体	蒸汽	
1.1×10^3	180.2	0.177	5.6339	780.34	2785.5	2005.1
1.2×10^3	187.8	0.166	6.1241	797.92	2788.5	1990.6
1.3×10^3	191.5	0.155	6.6141	814.25	2790.9	1976.7
1.4×10^3	194.8	0.141	7.1038	829.06	2792.4	1963.7
1.5×10^3	198.2	0.132	7.5935	843.86	2794.5	1950.7
1.6×10^3	201.3	0.124	8.0814	857.77	2796.0	1938.2
1.7×10^3	204.1	0.177	8.5674	870.58	2797.1	1926.5
1.8×10^3	206.9	0.110	9.0533	883.39	2798.1	1914.8
1.9×10^3	209.8	0.105	9.5392	896.21	2799.2	1903.0
2×10^3	212.2	0.0997	10.0338	907.32	2799.7	1892.4
3×10^3	233.7	0.0666	15.0075	1005.4	2798.9	1793.5
4×10^3	250.3	0.0498	20.0969	1082.9	2789.8	1706.8
5×10^3	263.8	0.0394	25.3663	1146.9	2776.2	1629.2
6×10^3	275.4	0.0324	30.8494	1203.2	2759.5	1556.3
7×10^3	285.7	0.0273	36.5744	1253.2	2740.8	1487.6
8×10^3	294.8	0.0295	42.5768	1299.2	2720.5	1403.7
9×10^3	303.2	0.0205	48.8945	1343.4	2699.1	1356.6
1×10^4	310.9	0.018	55.5407	1384.0	2677.1	1293.1
1.2×10^4	324.5	0.0142	70.3075	1463.4	2631.2	1167.7
1.4×10^4	336.5	0.0115	87.3020	1567.9	2583.2	1043.4
1.6×10^4	347.2	0.00927	107.8010	1615.8	2531.1	915.4
1.8×10^4	356.9	0.00744	134.4813	1699.8	2466.0	766.1
2×10^4	365.6	0.00566	176.5961	1817.8	2364.2	544.9

附录5 干空气的物理性质 ($p=1.01325\times10^5$ Pa)

温度(t) /℃	密度(ρ) /(kg·m⁻³)	定压比热容(c_p) /(kJ·kg⁻¹·℃⁻¹)	热导率($\lambda\times10^2$) /(W·m⁻¹·℃⁻¹)	黏度 ($\mu\times10^6$) /(Pa·s)	运动黏度 ($v\times10^6$) /(m²·s⁻¹)	普朗特数 Pr
−50	1.584	1.013	2.04	14.6	9.23	0.728
−40	1.515	1.013	2.12	15.2	10.04	0.728
−30	1.453	1.013	2.20	15.7	10.80	0.723
−20	1.395	1.009	2.28	16.2	11.61	0.716
−10	1.342	1.009	2.36	16.7	12.43	0.712

续表

温度(t)/℃	密度(ρ)/(kg·m^{-3})	定压比热容(c_p)/(kJ·kg^{-1}·℃$^{-1}$)	热导率($\lambda \times 10^2$)/(W·m^{-1}·℃$^{-1}$)	黏度($\mu \times 10^6$)/(Pa·s)	运动黏度($v \times 10^6$)/(m^2·s^{-1})	普朗特数 Pr
0	1.293	1.005	2.44	17.2	13.28	0.707
10	1.247	1.005	2.51	17.6	14.16	0.705
20	1.205	1.005	2.59	18.1	15.06	0.703
30	1.165	1.005	2.67	18.6	16.00	0.701
40	1.128	1.005	2.76	19.1	16.96	0.699
50	1.093	1.005	2.83	19.6	17.95	0.698
60	1.060	1.005	2.90	20.1	18.97	0.696
70	1.029	1.009	2.96	20.6	20.02	0.694
80	1.000	1.009	3.05	21.1	21.09	0.692
90	0.972	1.009	3.13	21.5	22.10	0.690
100	0.946	1.009	3.21	21.9	23.13	0.688
120	0.898	1.009	3.34	22.8	25.45	0.686
140	0.854	1.013	3.49	23.7	27.80	0.684
160	0.815	1.017	3.64	24.5	30.09	0.682
180	0.779	1.022	3.78	25.3	32.49	0.681
200	0.746	1.026	3.93	26.0	34.85	0.680
250	0.674	1.038	4.27	27.4	40.61	0.677
300	0.615	1.047	4.60	29.7	48.33	0.674
350	0.566	1.059	4.91	31.4	55.46	0.676
400	0.524	1.068	5.21	33.0	63.09	0.678
500	0.456	1.093	5.74	36.2	79.38	0.687
600	0.404	1.114	6.22	39.1	96.89	0.699
700	0.362	1.135	6.71	41.8	115.40	0.706
800	0.329	1.156	7.18	44.3	134.80	0.713
900	0.301	1.172	7.63	46.7	155.10	0.717
1000	0.277	1.185	8.07	49.0	177.10	0.719
1100	0.257	1.197	8.50	51.2	199.30	0.722
1200	0.239	1.210	9.15	53.5	233.70	0.724

附录6 IS型单级单吸离心泵规格（摘录）

泵型号	流量 /(m³·h⁻¹)	扬程 /m	转速 /(r·min⁻¹)	汽蚀余量 /m	泵效率 /%	功率/kW 轴功率	功率/kW 配带功率
IS50-32-125	7.5	22	2900	2.0	47	0.96	2.2
	12.5	20		2.0	60	1.13	
	15	18.5		2.5	60	1.26	
	3.75	5.4	1450	2.0	43	0.13	0.55
	6.3	5		2.0	54	0.16	
	7.5	4.6		2.5	55	0.17	
IS50-32-160	7.5	34.3	2900	2.0	44	1.59	3
	12.5	32		2.0	54	2.02	
	15	29.6		2.5	56	2.16	
	3.75	8.5	1450	2.0	35	0.25	0.55
	6.3	8		2.0	48	0.28	
	7.5	7.5		2.5	49	0.31	
IS50-32-200	7.5	52.5	2900	2.0	38	2.82	5.5
	12.5	50		2.0	48	3.54	
	15	48		2.5	51	3.84	
	3.75	13.1	1450	2.0	33	0.41	0.75
	6.3	12.5		2.0	42	0.51	
	7.5	12		2.5	44	0.56	
IS50-32-250	7.5	82	2900	2.0	28.5	5.67	11
	12.5	80		2.0	38	7.16	
	15	78.5		2.5	41	7.83	
	3.75	20.5	1450	2.0	23	0.91	15
	6.3	20		2.0	32	1.07	
	7.5	19.5		2.5	35	1.14	
IS65-50-125	15	21.8	2900	2.0	58	1.54	3
	25	20		2.5	69	1.97	
	30	18.5		3.0	68	2.22	
	7.5	5.35	1450	2.0	53	0.21	0.55
	12.5	5		2.0	64	0.27	
	15	4.7		2.5	65	0.30	
IS65-50-160	15	35	2900	2.0	54	2.65	5.5
	25	32		2.0	65	3.35	
	30	30		2.5	66	3.71	
	7.5	8.8	1450	2.0	50	0.36	0.75
	12.5	8.0		2.0	60	0.45	
	15	7.2		2.5	60	0.49	

续表

泵型号	流量 /(m³·h⁻¹)	扬程 /m	转速 /(r·min⁻¹)	汽蚀余量 /m	泵效率 /%	功率/kW	
						轴功率	配带功率
IS65-40-200	15	53	2900	2.0	40	4.42	7.5
	25	50		2.0	60	5.67	
	30	47		2.5	61	6.29	
	7.5	13.2	1450	2.0	43	0.63	1.1
	12.5	12.5		2.0	55	0.77	
	15	11.8		2.5	57	0.85	
IS65-40-250	15	82	2900	2.0	37	9.05	15
	25	80		2.0	50	10.3	
	30	78		2.5	53	12.02	
IS65-40-315	15	127	2900	2.5	28	18.5	30
	25	125		2.5	40	21.3	
	30	123		3.0	44	22.8	
IS80-65-125	30	22.5	2900	3.0	64	2.87	5.5
	50	20		3.0	75	3.63	
	60	18		3.5	74	3.98	
	15	5.6	1450	2.5	55	0.42	0.75
	25	5		2.5	71	0.48	
	30	4.5		3.0	72	0.51	
IS80-65-160	30	36	2900	2.5	61	4.82	7.5
	50	32		2.5	73	5.97	
	60	29		3.0	72	6.59	
	15	9	1450	2.5	55	0.67	1.5
	25	8		2.5	69	0.75	
	30	7.2		3.0	68	0.86	
IS80-50-200	30	53	2900	2.5	55	7.87	15
	50	50		2.5	69	9.87	
	60	47		3.0	71	10.8	
	15	13.2	1450	2.5	51	1.06	2.2
	25	12.5		2.5	65	1.31	
	30	11.8		3.0	67	1.44	
IS80-50-250	30	84	2900	2.5	52	13.2	22
	50	80		2.5	63	17.3	
	60	75		3.0	64	19.2	
IS80-50-315	30	128	2900	2.5	41	25.5	37
	50	125		2.5	54	31.5	
	60	123		3.0	57	35.3	
IS100-80-125	60	24	2900	4.0	67	5.86	11
	100	20		4.5	78	7.00	
	120	16.5		5.0	74	7.28	

附录7 金属材料的某些性能

材料名称	密度 $\rho/(\text{kg}\cdot\text{m}^{-3})$	20℃ 比热容 $c_p/(\text{J}\cdot\text{kg}^{-1}\cdot\text{K}^{-1})$	20℃ 热导率 $\lambda/(\text{W}\cdot\text{m}^{-1}\cdot\text{K}^{-1})$	热导率 $\lambda/(\text{W}\cdot\text{m}^{-1}\cdot\text{K}^{-1})$ 温度/℃ -100	0	100	200	300	400	600	800	1000	1200
纯铝	2710	902	236	243	236	240	238	234	228	215			
杜拉铝(96Al-4Cu,微量Mg)	2790	881	169	124	160	188	188	193					
铝合金(92Al-8Mg)	2610	904	107	86	102	123	148						
铝合金(87Al-13Si)	2660	871	162	139	158	173	176	180					
铍	1850	1758	219	382	218	170	145	129	118				
纯铜	8930	386	398	421	401	393	389	384	379	366	352		
铝青铜(90Cu-10Al)	8360	420	56		49	57	66						
青铜(89Cu-11Sn)	8800	343	24.8		24	28.4	33.2						
黄铜(70Cu-30Zn)	8440	377	109	90	106	131	143	145	148				
铜合金(60Cu-40Ni)	8920	410	22.2	19	22.2	23.4							
黄金	19300	127	315	331	318	313	310	305	300	287			
纯铁	7870	455	81.1	96.7	83.5	72.1	63.5	56.5	50.3	39.4	29.6	29.4	31.6
阿姆口铁	7860	455	73.2	82.9	74.7	67.5	61.0	54.8	49.9	38.6	29.3	29.3	31.1
灰铸铁($w_C \approx 3\%$)	7570	470	39.2		28.5	32.4	35.8	37.2	36.6	20.8	19.2		
碳钢($w_C \approx 0.5\%$)	7840	465	49.8		50.5	47.5	44.8	42.0	39.4	34.0	29.0		
碳钢($w_C \approx 1.0\%$)	7790	470	43.2		43.0	42.8	42.2	41.5	40.6	36.7	32.2		
碳钢($w_C \approx 1.5\%$)	7750	470	36.7		36.8	36.6	36.2	35.7	34.7	31.7	27.8		
铬钢($w_{Cr} \approx 5\%$)	7830	460	36.1		36.3	35.2	34.7	33.5	31.4	28.0	27.2	27.2	27.2
铬钢($w_{Cr} \approx 13\%$)	7740	460	26.8		26.5	27.0	27.0	27.0	27.6	28.4	29.0	29.0	
铬钢($w_{Cr} \approx 17\%$)	7710	460	22		22	22.2	22.6	22.6	23.3	24.0	24.8	25.5	
铬钢($w_{Cr} \approx 26\%$)	7650	460	22.6		22.6	23.8	25.5	27.2	28.5	31.8	35.1	38	

续表

材料名称	密度 $\rho/(\text{kg}\cdot\text{m}^{-3})$	20℃ 比热容 $c_p/(\text{J}\cdot\text{kg}^{-1}\cdot\text{K}^{-1})$	热导率 $\lambda/(\text{W}\cdot\text{m}^{-1}\cdot\text{K}^{-1})$	热导率 $\lambda/(\text{W}\cdot\text{m}^{-1}\cdot\text{K}^{-1})$ 温度/℃ -100	0	100	200	300	400	600	800	1000	1200
铬镍钢(18-20Cr/8-12Ni)	7820	460	15.2	12.2	14.7	16.6	18.0	19.4	20.8	23.5	26.3		
铬镍钢(17-19Cr/9-13Ni)	7830	460	14.7	11.8	14.3	16.1	17.5	18.8	20.2	22.8	25.5	28.2	30.9
镍钢($w_{\text{Ni}}\approx 1\%$)	7900	460	45.5	40.8	45.2	46.8	46.1	44.1	41.2	35.7			
镍钢($w_{\text{Ni}}\approx 3.5\%$)	7910	460	36.5	30.7	36.0	38.8	39.7	39.2	37.8				
镍钢($w_{\text{Ni}}\approx 25\%$)	8030	460	13.0										
镍钢($w_{\text{Ni}}\approx 35\%$)	8110	460	13.8	10.9	13.4	15.4	17.1	18.6	20.1	23.1			
镍钢($w_{\text{Ni}}\approx 44\%$)	8190	460	15.8		15.7	16.1	16.5	16.9	17.1	17.8	18.4		
镍钢($w_{\text{Ni}}\approx 50\%$)	8260	460	19.6	17.3	19.4	20.5	21.0	21.1	21.3	22.5			
锰钢($w_{\text{Mn}}\approx 12\%\sim 13\%, w_{\text{Ni}}\approx 3\%$)	7800	487	13.6			14.8	16.0	17.1	18.3				
锰钢($w_{\text{Mn}}\approx 0.4\%$)	7860	440	51.2			51.0	50.0	47.0	43.5	35.5	27		
钨钢($w_{\text{W}}\approx 5\%\sim 6\%$)	8070	436	18.7	18.4	19.7	21.0	22.3	23.6	24.9	26.3			
铅	11340	128	35.3	37.2	35.5	34.3	32.8	31.5					
镁	1730	1020	156	160	157	154	152	150					
钼	9590	255	138	146	139	135	131	127	123	116	109	103	93.7
镍	8900	444	91.4	144	94	82.8	74.2	67.3	64.6	69.0	73.3	77.6	81.9
铂	21450	133	71.4	73.3	71.5	71.6	72.0	72.8	73.6	76.6	80.0	84.2	88.9
银	10500	234	427	431	428	422	415	407	399	384			
锡	7310	228	67	75	68.2	63.2	60.9						
钛	4500	520	22	23.3	22.4	20.7	19.9	19.5	19.4	19.9			
铀	19070	116	27.4	24.3	27.0	29.1	31.1	33.4	35.7	40.6	45.6		
锌	7140	388	121	123	122	117	112						
锆	6570	276	22.9	26.5	23.2	21.8	21.2	20.9	21.4	22.3	24.5	26.4	28.0
钨	19350	134	179	204	182	166	153	142	134	125	119	114	110

附录 8　某些液体的物理性质

序号	名称	分子式	相对分子质量	密度(20℃)/(kg·m^{-3})	沸点(101.325kPa)/℃	汽化热(101.325kPa)/(kJ·kg^{-1})	比热容(20℃)/(kJ·kg^{-1}·K^{-1})	黏度(20℃)/(mPa·s)	热导率(20℃)/(W·m^{-1}·K^{-1})	体积膨胀系数(20℃)/(10^{-4}℃$^{-1}$)	表面张力(20℃)/(10^{-3}N·m^{-1})
1	水	H$_2$O	18.02	998	100	2258	4.183	1.005	0.599	1.82	72.8
2	盐水(25%NaCl)	—		1186(25℃)	107		3.39	2.3	0.57(30℃)	(4.4)	
3	盐水(25%CaCl$_2$)	—		1228	107		2.89	2.5	0.57	(3.4)	
4	硫酸	H$_2$SO$_4$	98.08	1831	340(分解)		1.47(98%)	1.17(10℃)	0.38	5.7	
5	硝酸	HNO$_3$	63.02	1513	86	481.1		2(31.5%)	0.42		
6	盐酸(30%)	HCl	36.47	1149			2.55		0.16		
7	二硫化碳	CS$_2$	76.13	1262	46.3	352	1.005	0.38	0.113	12.1	32
8	戊烷	C$_5$H$_{12}$	72.15	626	36.07	357.4	2.24(15.6℃)	0.229	0.119	15.9	16.2
9	己烷	C$_6$H$_{14}$	86.17	659	68.74	335.1	2.31(15.6℃)	0.313	0.123		18.2
10	庚烷	C$_7$H$_{16}$	100.20	684	98.43	316.5	2.21(15.6℃)	0.411	0.131		20.1
11	辛烷	C$_8$H$_{18}$	114.22	763	125.67	306.4	2.19(15.6℃)	0.54	0.138(30℃)	12.6	21.8
12	三氯甲烷	CHCl$_3$	119.38	1489	61.2	253.7	0.992	0.58	0.12		28.5(10℃)
13	四氯化碳	CCl$_4$	153.82	1594	76.8	195	0.850	1.0	0.14(50℃)	12.4	26.8
14	1,2-二氯乙烷	C$_2$H$_4$Cl$_2$	98.96	1253	83.6	324	1.26	0.83	0.148	10.9	30.8
15	苯	C$_6$H$_6$	78.11	879	80.10	393.9	1.704	0.737	0.138		28.6
16	甲苯	C$_7$H$_8$	92.13	867	110.63	363	1.70	0.675	0.142		27.9
17	邻二甲苯	C$_8$H$_{10}$	106.16	880	144.42	347	1.74	0.811			30.2

续表

序号	名称	分子式	相对分子质量	密度(20℃)/(kg·m⁻³)	沸点(101.325kPa)/℃	汽化热(101.325kPa)/(kJ·kg⁻¹)	比热容(20℃)/(kJ·kg⁻¹·K⁻¹)	黏度(20℃)/(mPa·s)	热导率(20℃)/(W·m⁻¹·K⁻¹)	体积膨胀系数(20℃)/(10⁻⁴℃⁻¹)	表面张力(20℃)/(10⁻³N·m⁻¹)
18	间二甲苯	C_8H_{10}	106.16	864	139.10	343	1.70	0.611	0.167	10.1	29.0
19	对二甲苯	C_8H_{10}	106.16	861	138.35	340	1.704	0.643	0.129		28.0
20	苯乙烯	C_8H_8	104.1	911(15.6℃)	145.2	(352)	1.733	0.72			
21	氯苯	C_6H_5Cl	112.56	1106	131.8	325	1.298	0.85	0.14(30℃)		32
22	硝基苯	$C_6H_5NO_2$	123.17	1203	210.9	396	1.466	2.1	0.15		41
23	苯胺	$C_6H_5NH_2$	93.13	1022	184.4	448	2.07	4.3	0.17	8.5	42.9
24	苯酚	C_6H_5OH	94.1	1050(50℃)	181.8 40.9(熔点)	511		3.4(50℃)			
25	萘	$C_{10}H_8$	128.17	1145(固体)	217.9 80.2(熔点)	314	1.80(100℃)	0.59(100℃)			
26	甲醇	CH_3OH	32.04	791	64.7	1101	2.48	0.6	0.212	12.2	22.6
27	乙醇	C_2H_5OH	46.07	789	78.3	846	2.39	1.15	0.172	11.6	22.8
28	乙醇(95%)	—		804	78.3			1.4			
29	乙二醇	$C_2H_4(OH)_2$	62.05	1113	197.6	780	2.35	23			47.7
30	甘油	$C_3H_5(OH)_3$	92.09	1261	290(分解)		2.34	1499	0.59	53	63
31	乙醚	$(C_2H_5)_2O$	74.12	714	34.6	360	1.9	0.24	0.14	16.3	18
32	乙醛	CH_3CHO	44.05	783(18℃)	20.2	574	1.6	1.3(18℃)			21.2
33	糠醛	$C_5H_4O_2$	96.06	1168	161.7	452	2.35	1.15(50℃)	0.17		43.5
34	丙酮	CH_3COCH_3	58.08	792	56.2	523	2.17	0.32	0.17	10.7	23.7
35	甲酸	$HCOOH$	46.03	1220	100.7	494	1.99	1.9	0.26		27.8
36	醋酸	CH_3COOH	60.03	1049	118.1	406	1.92	1.3	0.17	10.0	23.9
37	醋酸乙酯	$CH_3COOC_2H_5$	88.11	901	77.1	368		0.48	0.14(10℃)	12.5	
38	煤油			780~820				3	0.15		
39	汽油			680~800				0.7~0.8	0.19(30℃)		

附录 9　某些气体的物理性质

名称	分子式	相对分子质量	密度 (0℃,101.325kPa) /(kg·m⁻³)	定压比热容 (20℃,101.325kPa) /(kJ·kg⁻¹·K⁻¹)	$K=\dfrac{c_p}{c_V}$	黏度 (0℃,101.325kPa) /(10⁻⁶Pa·s)	沸点 (101.325kPa) /℃	汽化热 (101.325kPa) /(kJ·kg⁻¹)	临界点 温度/℃	临界点 压力/kPa	热导率 (0℃,101.325kPa) /(W·m⁻¹·K⁻¹)
空气	—	28.95	1.293	1.009	1.40	17.3	−195	197	−140.7	3769	0.0244
氧	O_2	32.00	1.429	0.913	1.40	20.3	−132.98	213	−118.82	5038	0.0240
氮	N_2	28.02	1.251	1.047	1.40	17.0	−195.78	199	−147.13	3393	0.0228
氢	H_2	2.02	0.090	14.27	1.407	8.42	−252.75	454	−239.9	1297	0.1630
氦	He	4.00	0.179	5.275	1.66	18.8	−268.95	20	−267.96	229	0.1440
氩	Ar	39.94	1.782	0.532	1.66	20.9	−185.87	163	−122.44	4864	0.0173
氯	Cl_2	70.91	3.217	0.481	1.36	12.9(16℃)	−33.8	305	+144.0	7711	0.0072
氨	NH_3	17.03	0.771	2.22	1.29	9.18	−33.4	1373	+132.4	1130	0.0215
一氧化碳	CO	28.01	1.250	1.047	1.40	16.6	−191.48	211	−140.2	3499	0.0226
二氧化碳	CO_2	44.01	1.976	0.837	1.30	13.7	−78.2	574	+31.1	7387	0.0137
二氧化硫	SO_2	64.07	2.927	0.632	1.25	11.7	−10.8	394	+157.5	7881	0.0077
二氧化氮	NO_2	46.01	—	0.804	1.31	—	+21.2	712	+158.2	10133	0.0400
硫化氢	H_2S	34.08	1.539	1.059	1.30	11.66	−60.2	548	+100.4	19140	0.0131
甲烷	CH_4	16.04	0.717	2.223	1.31	10.3	−161.58	511	−82.15	4620	0.0300
乙烷	C_2H_6	30.07	1.357	1.729	1.20	8.50	−88.50	486	+32.1	4950	0.0180
丙烷	C_3H_8	44.10	2.020	1.863	1.13	7.95(18℃)	−42.1	427	+95.6	4357	0.0148
丁烷(正)	C_4H_{10}	58.12	2.673	1.918	1.108	8.10	−0.5	386	+152.0	3800	0.0135
戊烷(正)	C_5H_{12}	72.15	—	1.72	1.09	8.74	−36.08	151	+197.1	3344	0.0128
乙烯	C_2H_4	28.05	1.261	1.528	1.25	9.35	+103.7	481	+9.7	5137	0.0164
丙烯	C_3H_6	42.08	1.914	1.633	1.17	8.35(20℃)	−47.7 −83.66	440	+91.4	4600	—
乙炔	C_2H_2	26.04	1.171	1.683	1.24	9.35	(升华) −24.1	829	+35.7	6242	0.0184
氯甲烷	CH_3Cl	50.49	2.308	0.741	1.28	9.89	+24.1	406	+148.0	6687	0.0085
苯	C_6H_6	78.11	—	1.252	1.1	7.2	+80.2	394	+288.5	4833	0.0088

参 考 文 献

[1] 柴诚敬,贾绍义. 化工原理:上册. 3 版. 北京:高等教育出版社,2017.
[2] 王志魁. 化工原理. 5 版. 北京:化学工业出版社,2019.
[3] 杨祖荣. 化工原理. 4 版. 北京:化学工业出版社,2021.
[4] 王振中,张利锋. 化工原理:上、下册. 2 版. 北京:化学工业出版社,2006.
[5] 谭天恩,窦梅,周明华. 化工原理:上、下册. 4 版. 北京:化学工业出版社,2013.
[6] 陈敏恒. 化工原理:上、下册. 5 版. 北京:化学工业出版社,2020.
[7] 冉茂飞,陈晓,刘军. 化工基础实验. 北京:化学工业出版社,2021.
[8] 林爱光. 化学工程基础. 2 版. 北京:清华大学出版社,2008.
[9] 张洪源,丁绪淮,顾毓珍. 化工过程及设备:上、下册. 北京:中国工业出版社,1956.
[10] 李芳. 化工原理及设备课程设计. 2 版. 北京:化学工业出版社,2020.
[11] 陈建峰,陈甘棠. 化学反应工程. 5 版. 北京:化学工业出版社,2024.
[12] 祁存谦,胡振,等. 简明化工原理实验. 武汉:华中师范大学出版社,1991.
[13] 杨世铭,陶文铨. 传热学. 4 版. 北京:高等教育出版社,1998.
[14] 祁存谦. 孔板流量计的永久压强降的理论公式. 化学世界. 1985,26 (11):422-424.
[15] 祁存谦,等. 精馏原理与恒摩尔流的讲课体会. 化工高等教育. 1986,(4):36-38.
[16] 祁存谦,等. 吸收塔中填料层高度的解析算法. 化学世界. 1986,27 (5):215-217.
[17] 祁存谦. 改进的湿空气 $T\text{-}H$ 图. 化学世界. 1984,25 (4):136-139.
[18] 张木全,云智勉,邰晓曦. 化工原理. 广州:华南理工大学出版社,2013.